KB271764

Mega-Event의 경제적 파급 효과

- 지역산업연관모형에 의한 부산국제영화제 분석 -

Mega-Event의 경제적 파급 효과

김한주 지음

한국학술정보㈜

지방자치 실시 이후 각 지방자치단체들은 지역경제 활성화를 위하여 메가 이벤트를 중심으로 각종 지역발전 사업을 경쟁적으로 추진하고 있다. 메가 이벤트의 지역경제 효과에 대한 과학적이고 객관적 분석은 메가 이벤트의 사전적 유치 타당성, 투입예산의 적정성, 사후적 평가 나아가 관련 사업과도 연계되어 있어 정책의 효율성을 높이고 적실성 있는 대안을 개발하는 데 중요한 의미가 있다.

일례로 최근 정부나 지자체의 지원을 받는 축제나 관광단지 개발에서는 경제적 파급효과분석이 요구되고 있다. 이는 정부나 지자체에서 개최하는 메가 이벤트가 지역경제 또는 지역 내 관광산업에 어느 정도의 경제적 파급효과를 발생시키고 있는지를 평가함으로써 메가 이벤트 개최에 따른 경제적 편익에 대한 객관적 자료를 제시하는 데 의미가 있다고 하겠다.

이러한 상황에서 메가 이벤트 또는 문화행사 등의 개최에 따른 지역경제 파급효과를 보다 논리적이고 정확하게 측정하기 위해서는 지역산업연관분석이 필요한데, 이에 대한 연구가 그리 활발하지 않은 것이 사실이다. 이러한 이유는 지역산업연관표를 작성할 때 다양한 지역자료가 필요하지만 이에 적합한 일관성 있는 자료를 구하기 어렵기 때문이다.

이러한 관점에서 본 연구는 부산시의 관광현황과 대표적인 대규모 이벤트로서 부산국제영화제의 현황에 대해 살펴보고, 2차 통계자료들에 근거한 부산지역의 산업구조에 대한 분석과 부산국제영화제에 참가하는 외래관광객의 지출에 대한 설문조사를 통한 통계적 수치를 도출한 후, 지역산업연관모델을 통하여 2005년 제10회 부산국제영화제의 개최에 따른 관광산업이 지역경제에 미치는 경제적 총파급효과를 분석 제시하고 아울러 지자체에서의 메가 이벤트에 대한 제반 지원정책 및 전반적인 관광개발수립에 기초적인 단서를 제공하는 데 목적을 두었다.

구체적인 연구방법은 첫째, 전국산업연관표로부터 관광산업을 분류 및 통합하였다. 둘째, 부산지역산업연관표를 작성하였다. 셋째, 도출된 지역산업연관표를 이용하여 관광산업의 생산승수, 소득승수, 고용승수, 부가가치승수를 도출하였다. 넷째, 도출된 관광승수와 설문조사를 통하여 부산국제영화제 참가자 1인당 지출액을 고려하여 관광산업의 총경제적 파급효과를 측정하였다.

제10회 부산국제영화제 개최에 따른 관광산업의 총경제적 파급효과를 분석한 결과 총 생산파급액이 156억 6,900만 원, 총 소득파급액이 32억 1,500만 원, 총 고용파급자 수가 658명이며, 총 부가가치파급액은 68억 9,800만 원에 이르는 것으로 나타났다. 이는 부산지역 내 관광산업의 비중과 경제적 파급효과가 매우 큰 산업이라는 점을 설명해 주고 있다는 것이다. 또한 지방자치시대에 있어 각 지방마다 개최하고 있는 각종 메가 이벤트 또는 문화행사가 각 지역의 경제에 미치는 파급효과가 매우 높다는 점에서 각 지자체들의 메가 이벤트 및 그에 따른 관광산업의 육성과 지원에 보다 많은 관심과 노력이 요구된다 하겠다.

지역산업연관표를 작성함에 있어 본 연구에서 이용한 각종 통계자료들은 선행연구들을 통해 인정된 공식적인 통계자료들을 사용하였지만, 분류방식의 상이성, 수치의 일관성 유지 문제 그리고 부산국제영화제 외래 관광객의 1인당 지출구조 파악을 위하여 실시한 설문조사의 경우 언어권별 외래관광객 특성의 상이성과 정확한 1인당 지출액 추정이 불가능 등을 감안할 때, 향후 연구에서는 신뢰성 있는 자료 확보가 가장 중요한 과제로 떠오르고 있다.

따라서 본 연구의 결과물이 향후 대규모 외래관광객 수요를 창출할 수 있는 메가 이벤트 및 문화행사 등의 개최에 따른 경제적 또는 사회·문화적까지도 포함하는 파급효과 분석에 대한 연구들을 수행하시는 분들과 각 지방자치단체에서 추진하고 있는 각종 메가 이벤트 또는 문화행사의 추진과정에 있어 참고자료로서 도움이 되었으면 한다.

2008년 3월
저자 씀

제 3 장　연구방법 / 103

제 4 장   부산국제영화제에 따른 경제파급효과 분석 / 125

제 5 장 결 론 / 157

참 고 문 헌 / 165

부　록 / 175

제 1 장

서 론

제1절 문제의 제기

　부산시는 바다와 산이라는 천혜의 자연환경, 70년대의 도시 외관, 현대의 최첨단 영상시설 등을 바탕으로 1996년 처음으로 부산국제영화제를 개최한 이후 2004년까지 9회째를 맞으면서 참가규모와 관객 수, 초청인 수 등 모든 면에서 괄목할 만한 성장을 이뤘다. 특히 부산국제영화제(PIFF: Pusan International Film Festival)는 2004년 '타임'지 아시아판이 선정한 'Best of Asia 2004'에서 필름 페스티벌 부문 최고 영화제로 선정되었다는 점에서도 명실상부한 문화행사로 성장하였다고 하겠다.

　규모 면에서 살펴보면 27개 나라가 참여하고 국내외 참가자 224명이 초청돼 170편의 영화가 상영됐던 제1회 부산국제영화제가 9회 때인 2004년에는 50개국 5,638명이 초청되었고 총 262편의 영화가 상영되었으며, 166,164명이 관람하는 등 규모가 대폭 확대되었다는 점에서 부산국제영화제는 대규모 외래방문객을 유발시킬 수 있는 부산지역의 대표적인 문화행사로 성장하였다.(부산국제영화제조직위원회, 2005)

　한국은행 부산본부(2005)는 부산국제영화제의 경제적 효과는 생산유발효과 380억 원, 부가가치 유발효과 140억 원에 달하고 고용증대효과도 360여 명에 이른다고 분석했다. 특히 한국은행은 부산국제영화제는 성공적인 국제 문화행사로서 한국영화의 이미지를 제고하고 부산의 도시브랜드 가치를 높일 뿐만 아니라 수요 증대를 통해 부산지역 경제 회복에 일조하고 있다고 밝혔다.

부산시는 2004년 3월 제1차 지역혁신발전 5개년 계획(부산광역시, 2004)을 수립하면서 21세기 동북아시대의 해양수도라는 도시 비전과 해양문화·관광거점도시라는 도시목표를 제시하였다. 아울러 10대 전략산업 중 관광컨벤션산업, 영상·IT산업을 제시하면서, 대규모 외래 관광객 수요를 창출할 수 있는 컨벤션 및 각종 국제회의의 유치 그리고 부산시의 대표적인 영화제인 부산국제영화제 등의 활성화 등을 통하여 동북아 해양문화·관광거점도시로 거듭나기 위하여 노력하고 있다.

2000년부터 2005년 현재까지 부산에서 촬영된 영화는 '친구', '엽기적인 그녀', '달마야 놀자', '범죄의 재구성', '올드 보이' 등 총 101편에 이를 정도로 부산은 영화의 메카로 급부상하였으며, 아울러 영상산업이 부산지역의 전략산업으로서 급성장하고 있는 것이 사실이다. 또한 이러한 부산지역의 수많은 영화 촬영지들은 관광자원으로서의 다양한 가치를 가질 뿐만 아니라 부산의 이미지 제고에도 큰 역할을 하고 있는 것이 사실이다.

그리고 세계적 영화제로 급부상하고 있는 부산국제영화제 또한 부산의 문화와 관광산업의 새로운 패러다임을 만들 수 있는 중요한 이벤트라 할 수 있다.(박중환, 2003) 또한 대중을 대상으로 한 박물관, 전시회 그리고 기타 문화적 표현물의 이용가능성이 관광을 활성화시키는 데 도움을 준다는 점에서(조명환, 2000) 부산국제영화제는 부산시의 정책적인 지원과 함께 부산지역에 있어 이제 명실상부한 대규모 외래관광객 수요를 유발할 수 있는 메가 이벤트로서 위상을 정립하고 있는 것이 사실이다. 아울러 부산지역에 있어 영화 촬영 또는 국제영화제 개최에 따른 사회·문화, 경제적 파급효과가 나타나고 있다는 점에 주목하여야 할 것이다.

지방자치 실시 이후 각 지방자치단체들은 지역경제 활성화를 위하여 메가 이벤트를 중심으로 각종 지역발전 사업을 경쟁적으로 추진하고 있다. 메가 이벤트의 지역경제 효과에 대한 과학적이고 객관적 분석은 메가 이벤트의 사전적 유치타당성, 투입예산의 적정성, 사후적 평가 나아가 관련 사업과도 연계되어 있어 정책의 효율성을 높이고 적실성 있는 대안을 개발하는 데 중요한 의미가 있다.(부산발전연구원, 2003) 관광의 지역경제적 효과측정은 관광활동과 복합적으로 관련되어 있는 산업의 직·간접효과뿐만 아니라 타 산업과의 연관관계를 파악하고, 생산 및 소득, 고용 등에 대한 승수효과를 정확하게 분석하여 합리적이고 지역실정에 적합한 관광개발정책이 도출될 수 있도록 하는 데 그 의미가 있다고 할 수 있다.(김규호, 1997)

일례로 최근 정부나 지자체의 지원을 받는 축제나 관광단지 개발에서는 경제적 파급효과분석이 요구되고 있다. 이는 정부나 지자체에서 개최하는 메가 이벤트가 지역경제 또는 지역 내 관광산업에 어느 정도의 경제적 파급효과를 발생시키고 있는지를 평가함으로써 메가 이벤트 개최에 따른 경제적 편익에 대한 객관적 자료를 제시하는 데 의미가 있다고 하겠다. 이러한 상황에서 지역경제 파급효과를 보다 논리적이고 정확하게 측정하기 위해서는 지역산업연관분석이 필요한데, 이에 대한 연구가 그리 활발하지 않은 것이 사실이다. 이러한 이유는 지역산업연관표를 작성할 때 다양한 지역자료가 필요하지만 이에 적합한 일관성 있는 자료를 구하기 어렵기 때문이다.(이충기 외, 2005)

일반적으로 전국산업연관모델을 바탕으로 하는 지역경제 구조분석에 관한 연구는 전국의 어느 지역에서도 동일한 경제효과가 나타나 지역적 특성을 반영하지 못하고, 단지 산업 간의 차이를 분석하는 수준에 머무르게 된다. 하지만 지역 간의 여건 차이가 심할 경우 전국산업연관모델을 이용한 지역경제 분석결과는 실제상황과 매우 큰 차이를 보일 수 있으므로 특성 있는 지역산업의 육성이 강조되고 있는 현 시점에서 지역산업연관분석에 대한 연구는 매우 절실하다고 할 수 있다.(박상우·이종열, 2002) 지역산업연관분석은 지역 간 상이한 생산구조나 교역 상태를 반영하여 지역 및 산업 간 상호 의존관계를 분석함으로써 전국산업연관분석에서 파악하지 못하는 특성을 반영해 준다.(김규호·김사헌, 1998)

부산국제영화제 개최에 따른 경제적 파급효과에 대한 선행 연구들을 살펴보면 최근에 와서 대표적인 파급효과 분석모형인 산업연관분석모형을 사용하여 일부 분석한 연구들이 제시되고 있으나 대부분이 전국산업연관표를 사용한 분석이 대부분이어서 보다 객관적이고 실증적인 검증이 요구되고 있다. 또한 대규모 외래 관광객을 유발하는 메가 이벤트로서 관광산업과 직·간접적으로 연관되어 있는 관광산업이 지역경제에 미치는 파급효과에 대한 실증적 연구가 요구되고 있다고 하겠다.

지역의 관광효과를 측정하는 데 있어서는 지역경제 구조와 연계하여 그 효과를 파악할 때 지역의 실정에 적합한 관광개발전략을 제시할 수 있을 것이다. 특히 지방화시대를 맞이하여 관광부분은 지역발전에 많은 기여를 할 수 있을 것으로 기대되고 있다. 이러한 현상은 지방자치제의 실시로 주민복리 증진과 지역경제 활성화, 재정자립도 증대 등에 대한 주민과 지방자치단체 욕구가 증가하고 있는 데서 비롯된다고 할 수 있다.(김규호, 1997)

제2절 연구의 목적

이러한 관점에서 본 연구의 목적은 부산시의 관광현황과 대규모 이벤트로서 부산국제영화제의 현황에 대해 살펴보고, 2차 통계자료들에 근거한 부산지역의 산업구조에 대한 분석과 부산국제영화제에 참가하는 외래관광객의 지출에 대한 설문조사를 통한 통계적 수치를 도출한 후, 지역산업연관모델을 통하여 2005년 제10회 부산국제영화제 개최에 따른 관광산업이 지역경제에 미치는 파급효과를 규명하는 데 있다.

이에 본 연구의 목적을 크게 네 가지로 제시하고 이를 수행하고자 한다.

첫째, 부산지역의 관광현황과 연구대상인 부산국제영화제의 현황을 살펴보고, 지역경제 파급효과 분석을 위하여 산업연관모델 및 지역산업연관모델의 의의와 분석방법 등을 살펴본 후, 관련 선행연구의 분석을 통하여 지역경제 파급효과분석에 적정한 분석방법을 제시하고자 한다.

둘째, 먼저, 산업연관분석을 활용한 기존의 선행연구들을 바탕으로 관광산업 및 일반산업들을 분류·통합한다. 이후, 산업연관표와 통계청자료 등의 2차 자료 등을 통하여 지역산업연관표 작성을 위한 투입계수의 도출과 도출된 투입계수를 통해 작성된 부산지역산업연관표를 제시하고자 한다.

셋째, 부산국제영화제 개최에 따른 관광산업의 부산지역경제에 미치는 파급효과를 분석한다. 먼저, 부산국제영화제의 외래관광객 지출구조를 파악한다. 이후, 외래관광객 지출에 따른 생산, 소득, 고용, 부가가치승수를 지역산업연관분석을 통하여 도출하고 부산시 관광산업에 미치는 경제적 파급효과를 분석하고자 한다.

넷째, 부산국제영화제 개최에 따른 관광산업이 부산지역 내 타 산업에 어느 정도 영향을 주고 있으며, 또한 영향을 받고 있는지를 파악하고자 한다.

아울러 위의 네 가지 연구목적들의 달성을 통하여 부산시의 전략산업으로서 정책적 지원과 함께 대규모 외래관광객 수요를 창출할 수 있는 부산국제영화제 개최에 따른 관광산업의 경제적 총파급효과를 분석 제시함으로써 지자체에서의 메가 이벤트에 대한 제반 지원정책 및 전반적인 관광개발수립에 기초적인 단서를 제공하고자 한다.

제3절 연구방법 및 범위

1. 연구방법

지역경제의 파급효과를 분석하는 방법은 대체로 경제기반모형(economic base model), 변화-할당분석(shift share analysis), 지역경제 계량모형(regional economic model)과 산업연관모형 등이 있다. 지역의 경제적 파급효과를 분석하기 위한 모형 중에서 산업연관모형은 많은 자료가 필요하고 그에 따른 많은 시간과 비용이 소용된다는 단점이 있지만, 각 산업의 투입과 산출의 상호 밀접한 관계를 바탕으로 산업 간 또는 경제구조 전반에 걸쳐 광범위한 직·간접 파급효과를 분석할 수 있다는 장점을 갖고 있다.

관광과 지역·국가경제 간의 거시적 측면에서의 파급효과를 분석하는데 있어서 유용하게 사용되고 있는 도구 중의 하나가 승수모형이다. 승수(multiplier)란 어느 지역경제에 끼친 최초의 변화가 결과적으로 그 경제에 얼마만큼의 변화를 가져오는가를 나타내는 '배수'를 뜻한다.(김사헌, 2001) 이러한 승수개념은 이미 1880년대부터 1930년대 초에 걸쳐 인식되어 오기 시작했으며 승수효과의 원리를 처음으로 집대성한 학자는 1930년대의 칸으로 알려지고 있다. 관광승수는 방법론상의 차이에 따라 크게 애드 혹 승수(ad hoc multiplier)와 체계적 승수(systematic multiplier) 두 가지의 유형으로 대별될 수 있다.

산업연관분석모형은 모든 산업부문 간 거래량, 즉 투입과 산출을 종합적이고 체계적으로 분석하기 때문에 관련 산업부문의 전·후방효과 유발효과를 상세히 제시해 줄 수 있는 유용한 분석 방법이라 할 수 있다. 이러한 점에서 한 지역 또는 국가 단위에서 하나의 산업이 한 국가의 경제에 미치는 파급효과를 분석하는 방법으로 많이 활용되고 있다.

따라서 본 연구에서는 대규모 외래관광객 수요를 창출할 수 있는 메가 이벤트인 부산국제영화제 개최에 따른 관광산업이 지역경제에 미치는 파급효과를 분석하기 위하여 지역경제 구조를 종합적으로 분석하여 다른 산업부문들과 관광산업의 상호 관계와 이러한 관계 속에서 관광산업의 경제적 효과 파악이 용이한 산업연관모형을 이용하여 분석하고자 한다.

구체적인 연구방법은 다음과 같다.

첫째, 전국산업연관표로부터 관광산업을 분류 및 통합한다.

여기에서 관광산업부문을 산업연관표상에서 어떻게 분류 또는 통합할 것인가가 중요하다. 이 점에 대해서는 국내 여러 학자에 의해 제기되고 있는데, 관광산업에 대한 표준적인 분류방법은 공식적으로 체계화되어 있지는 않지만 몇몇 연구에서 관광관련 산업들에 대한 분류방법들이 제시되고 있다. 이충기는 한국은행(2001)에서 발간한 「'98 산업연관표」 중 생산자가격평가표와 수입거래표를 이용하여 비경쟁수입형표인 국산거래표를 도출하고, 산업연관표의 402부문으로부터 관광산업을 지출항목을 토대로 5개 부문[1]으로 세분화하였으며, 나머지 일반산업부문을 24개 부문으로 통합하여 분류한 바 있다.(이충기, 2003)

따라서 본 연구에서는 한국은행에서 2003년 발간한 「2000 산업연관표」 중 생산자가격평가표와 수입거래표를 이용하여 비경쟁수입형표[2]인 국산

---

1) 숙박업(산업연관표 333기본부문); 음식점업(332); 관광교통업(여행사 346, 철도여객 334, 도로여객 336, 항공운송 340); 소매업(331); 문화오락서비스업(문화서비스 386-387), 영화연극 388-389, 운동경기관련서비스 390, 기타 오락서비스 391, 세탁이미용 396-397.

2) 경쟁수입형표로부터 산출되는 생산유발계수는 최종수요 증가에 따른 생산파급효과를 측정할 경우 순수한 國內生産波及效果와 수입으로 인하여 해외로

거래표를 도출하고, 산업연관표의 404부문으로부터 지출항목을 토대로 숙박업, 음식점업, 쇼핑업, 관광교통업, 문화오락서비스업, 영상오락서비스업 등 6개 관광부문으로 세분화하였으며, 나머지 일반산업부문은 27개 부문으로 통합하여 분류하도록 한다.

둘째, 부산지역산업연관표를 작성한다.

지역산업연관표를 작성하는 방법에는 크게 직접조사법과 간접조사법이 있는데, 전자의 경우에는 정확도는 높을 수 있지만, 많은 시간과 예산이 소요된다는 단점이 있다. 후자의 경우에는 전국산업연관표와 지역생산액 자료 등을 토대로 지역산업연관표를 도출하는 방법으로 시간과 예산이 비교적 적게 든다는 장점이 있다. 이러한 차원에서 부산지역의 지역산업연관표를 작성하는 방법으로는 전국산업연관표에 의해 지역산업연관표를 작성하는 간접조사법으로 한다.

또한 간접조사법에 의한 지역산업연관표 작성에 있어 중요한 부분이 투입계수를 산출하는 것인데, 투입계수를 산출하는 방법에는 가중치에 의한 수정방법(Weighting Method), 입지계수법(LQ: Location Quotient Method), 공급수요균형법(Supply-Demand Pool Method), 지역구매계수법(Regional Purchase Coefficient Method), 양비례조정법(Biproportional Adjustment Method, RAS Method), 부분조사법(Partial Survey Method), 혼합방법(Hybrid Method) 등이 있으나(이춘근, 1993), 이 중에서 실용성이나 효율성 차원에서 입지상계수법이 많이 활용되고 있어(이강욱·최승묵, 2003) 본 연구에서도 이 방법을 활용하고자 한다.

누출되는 부분을 구분할 수 없게 된다. 따라서 최종수요발생에 따른 국내생산파급효과만을 정확히 측정하기 위해서는 국산과 수입을 구분하여 작성한 비경쟁수입형표로부터 도출된 생산유발계수표가 적합하다고 볼 수 있다.(한국은행, 2003)

따라서 먼저 통합된 전국산업연관표로부터 투입계수행렬(33×33)을 도출한 후 도출된 전국투입계수에 입지상계수법을 통하여 도출된 계수를 고려하여 지역투입계수표를 작성한다. 여기서 대상지역은 본 연구의 공간적 대상인 부산지역을 대상으로 하며, 단일지역산업연관표를 작성한다.

셋째, 도출된 지역산업연관표를 이용하여 관광산업의 생산승수, 소득승수, 고용승수, 부가가치승수를 도출한다.

여기서 관광승수는 개방형 산업연관표를 토대로 도출되므로 직접효과와 간접효과를 나타낸다. 또한 각 산업의 영향력계수와 감응도계수를 도출하여 관광산업과 타 산업 간의 영향력 및 감응도 정도를 비교·분석한다.

넷째, 도출된 관광승수와 부산국제영화제 참가자 1인당 지출액을 고려하여 관광산업의 총경제적 파급효과를 측정한다.

여기서 영화제참가자의 1인당 지출액의 도출을 위하여 설문조사를 실시한다. 자료수집 방법은 일정한 교육을 받은 부산국제영화제조직위원회 직원 및 조사원들이 영화제에 참가한 외래관광객들을 대상으로 준비된 자기기입식(Self-administered) 설문지를 배포한 후 그 자리에서 회수하는 Intercept Interview의 방법을 선택하였다. 설문조사 기간은 선행연구를 기초로 작성한 설문지로 제10회 부산국제영화제 개최기간인 2005년 10월 6일부터 10월 14일까지 시행한다. 또한 외래관광객 수의 추정을 위하여 부산국제영화제 관객조사 자료를 활용한다.

2. 연구의 범위

1) 내용적 범위

위의 여러 가지 논의를 바탕으로 본 연구에서는 내용적 범위로 대규모 이벤트 또는 문화행사 개최에 따른 관광산업의 경제, 사회, 문화 및 환경적 효과 중에서 부산국제영화제 개최에 따른 관광산업의 경제적 파급효과로 정하고 산업연관모형의 지역산업연관모형을 이용하여 관광산업의 경제적 파급효과 중 생산, 소득, 고용, 부가가치, 전·후방 연관효과 그리고 총경제적 파급효과를 분석대상으로 하고자 한다.

2) 공간적 범위

공간적 범위는 연구 내용이 메가 이벤트인 부산국제영화제 개최에 따른 외래관광객의 소비지출이 부산지역 관광산업에 미치는 경제적 파급효과 분석이라는 점에서 부산시를 분석대상으로 한다.

3) 시간적 범위

시간적 범위는 한국은행에서 2000년 산업연관표를 바탕으로 연장 추계한 2003년도의 산업연관표가 2003년 12월에 발간된 것을 고려한다. 또한 부산국제영화제 외래관광객의 1인당 지출액 추정을 위하여 2005년 제10회 부산국제영화제 참가자에 대하여 직접 설문조사를 실시함으로써 분석대상의 기간을 2005년도로 한다.

제4절 연구체계 및 연구의 구성

1. 연구체계

이상에서 제기한 연구목적을 수행하기 위한 본 연구의 체계를 도식화
하면 〈그림 1-1〉과 같다.

〈그림 1-1〉 연구체계

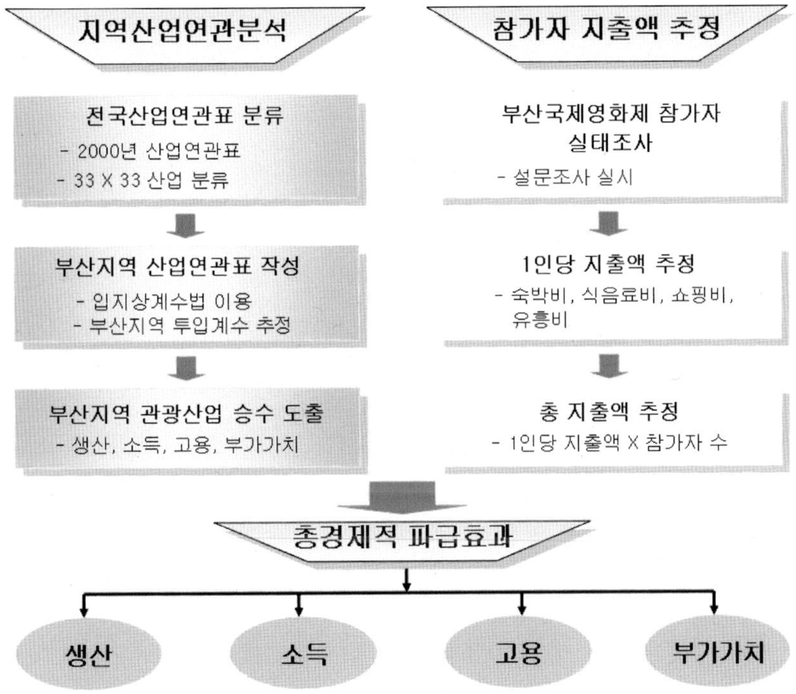

2. 연구의 구성

연구는 서론을 포함하여 모두 5개의 장과 부록으로 구성된다.

제1장은 서론 부문이다. 여기서는 먼저 문제 제기와 연구목적을 제시한다. 아울러 연구방법과 범위를 설정하고 본 연구의 체계와 구성을 소개한다.

제2장은 본 연구의 대상의 현황 및 이론적 배경과 선행연구에 대한 검토 부문이다. 1절에서는 본 연구의 대상지역인 부산지역의 관광현황과 본 연구의 핵심대상인 부산국제영화제의 연혁 및 현황, 주요 국제영화제와의 비교 그리고 기타 현황 및 평가 등을 살펴본다. 이론적 배경은 크게 2개의 절로 구성되며, 산업연관모형 및 지역산업연관모형에 대하여 살펴본다. 4절에서는 경제적 파급효과에 대한 선행연구들을 산업연관분석 및 지역산업연관모델 그리고 메가 이벤트에 관한 연구로 나누어 검토한다.

제3장에서는 이상의 이론적 배경에 대한 분석과 선행연구의 분석 그리고 연구대상지역의 현황을 바탕으로 연구방법을 제시한다. 먼저 산업연관표상의 관광산업을 분류하고 부산지역의 산업연관표 작성방법을 제시한다. 또한 투입계수의 추정방법과 관광승수 도출방법을 제시하고 부산지역 산업별 자료를 수집·분류함으로써 생산액, 고용자 수, 부가가치 및 피용자보수를 추계하도록 한다.

제4장에서는 분석결과를 제시하도록 한다. 분석결과를 제시하기 위하여 먼저 설문조사에 의한 외래관광객의 1인당 소비지출액과 외래관광객 수를 산출하고 그에 따른 부산국제영화제 개최에 따른 관광산업의 산업연관분석 결과를 제시한다. 그리고 부산국제영화제에 따른 관광산업의 총경제적 파급효과를 분석한다.

　마지막으로 제5장은 연구결과의 요약 및 결론과 시사점 제시 부분이다. 여기서는 제1장에서 제5장까지의 내용을 간략하게 요약한 뒤, 본 연구의 결론을 제시할 것이다. 아울러 본 연구에서 다루지 못했던 부분 또는 제외되었던 연구의 한계점 등을 제시하고 이후 후속 연구에 대하여 몇 가지 제언하고자 한다.

제 2 장

이론적 배경
및 선행연구 검토

제1절 연구대상 현황 분석

1. 부산지역 관광 현황 분석

1) 관광객 추이

2004년도 부산시 외국인 방문객 수는 166만 명으로 2003년도 대비 12.67%의 증가율을 보이고 있다.(부산광역시, 2005) 1998년도 경제위기로 인한 일시적인 감소추세가 있었으며, 2002년 월드컵, 아시안게임, 국제합창제 등의 대규모 국제행사로 인하여 처음으로 200만 명을 넘어서기도 하였다. 전체적으로는 국제항만물류도시로서, 항구도시라는 특성으로 인하여 지속적인 증가추세를 보이고 있다.

국적별로 살펴보면, 일본(46.93%), 중국(12.72%), 미국(4.62%), 러시아(3.03%), 영국(1.14%), 캐나다(0.09%) 순으로 나타나고 있다. 지리적 측면에서 일본과 중국이 전체 외래방문객의 60% 정도를 차지하고 있다.

〈표 2-1〉 부산시 외래방문객 현황

(단위: 명)

구분	계	일본	중국	러시아	미국	캐나다	영국
1997	1,097,142	558,337	92,998	107,085	28,529	2,650	6,876
1998	1,068,088	576,370	72,603	118,952	27,763	2,419	3,643
1999	1,281,190	593,007	125,436	76,687	112,005	10,625	12,074
2000	1,539,525	690,039	149,072	78,646	110,063	12,398	18,531
2001	1,501,008	679,828	158,005	64,902	92,651	13,958	18,412
2002	2,000,439	892,418	224,218	105,061	120,781	16,269	21,014
2003	1,473,780	608,611	170,508	77,608	67,545	13,926	14,310
2004	1,660,492	779,314	211,214	50,337	76,728	14,837	18,871
구분	프랑스	독일	홍콩	대만	호주	기타	교포
1997	699	7,642	-	-	1,584	125,183	80,412
1998	1,039	7,411	-	-	1,647	100,641	83,989
1999	6,362	12,852	33,979	29,493	7,359	197,474	63,837
2000	7,435	18,791	19,418	31,260	7,757	338,417	57,698
2001	6,796	19,098	18,654	27,752	9,286	329,014	62,652
2002	10,159	23,381	27,974	34,234	11,624	391,755	121,551
2003	6,842	14,608	22,798	27,088	6,746	367,608	75,582
2004	1,027	3,064	4,300	11,300	1,058	49,951	10,955

자료: http://www.busan.go.kr/ 관광진흥과, 「주요통계지표」에서 발췌.

2004년도 부산시 외래방문객의 목적을 살펴보면, 관광(68.57%), 외국선원(19.22%), 방문(6.15%), 상용·투자(3.47%), 기타(2.37%), 공용·외교(0.22%) 순으로 나타나고 있다. 외래방문객 중 순수관광 목적이 거의 70%를 차지하고 있으며, 외국선원이 거의 20%를 차지하고 있다는 점이 특이하다고 하겠다.

〈표 2-2〉 부산시 외래방문객 현황

(단위: 명)

구분	계	관광	방문	상용·투자	공용·외교	기타	외국선원
1995	1,090,187	645,774	110,820	39,365	1,631	12,984	273,861
1996	1,013,076	609,941	104,681	40,034	2,101	254	243,309
1997	1,097,142	679,457	103,649	40,894	4,875	1,013	251,260
1998	1,068,088	706,706	104,013	30,158	5,791	6,642	214,778
1999	1,281,190	880,095	108,737	31,466	1,053	11,440	248,399
2000	1,539,525	982,902	95,328	30,026	1,191	12,812	417,266
2001	1,501,007	926,037	95,165	33,020	1,734	14,611	430,440
2002	2,000,439	1,305,904	132,731	52,855	3,828	32,577	472,544
2003	1,473,780	908,114	98,112	49,691	2,803	31,655	383,405
2004	1,660,492	1,138,623	102,081	57,633	3,634	39,302	319,219

자료: http://www.busan.go.kr/ 관광진흥과, 「주요통계지표」에서 발췌.

2002년 부산방문 외래관광객 실태조사 결과보고서(부산광역시, 2002)[3] 에 의하면 부산시를 방문하는 외래방문객의 방문 횟수는 '1회'가 55.2% 였으며, '2~5회'가 31.8%, '6~10회'는 6.5%, '11회 이상'은 6.5%로 나타 나고 있다. 부산방문 목적을 살펴보면, '여가, 위락, 휴가' 목적의 38.7% 로 가장 높게 나타나고 있으며, '사업 또는 전문 활동'은 20.7%, '스포츠 관람' 15.2%, '쇼핑 및 미용' 8.4%, '친구, 친지 방문' 6.6%, '종교 및 교 육' 6.3% 순으로 나타나고 있는데, 스포츠 관람이 높게 나타난 것은 2002년 월드컵 참관에 기인한 것으로 볼 수 있다.

또한 부산을 여행하기 전에 여행정보를 입수하는 경로로는 '친구·친 척'(21.9)이 가장 많았으며, 그다음은 '여행사'(20.5%), '인터넷'(13.1%),

---

3) 부산시가 2002년도 부산을 방문한 후 출국하는 외국인 2,149명을 표본으로 3 차에 걸쳐(1차: 4월 10일-5월 9일, 2차: 6월 1일-6월 30일, 3차: 9월 23일 -10월 19일) 설문조사한 자료임.

‘과거의 경험’(12.4%), ‘기타’(10.1%), ‘신문·잡지’(9.3%), ‘브로셔’(8.4%) 순으로 나타났다. 외래객의 체재기간은 ‘2박’(26.7%), ‘3박’(16.4%), ‘1박’(15.0%)의 순으로 나타나고 있으며, 당일에서 4박까지가 81.1%를 차지하는 것으로 나타나고 있다. 반면, 7박 이상의 장기 체류자가 14.5%에 달하고 있다는 점에서 장기체재에 따른 관광 분야의 경제적 파급효과 증대에 기여할 수 있을 것이다.

외국어 언어권별 부산 체재기간을 살펴보면, 일본어권 및 중국어권은 2박이 각각 36.5%, 35.7%로 가장 높고, 영어권 및 러시아권은 7박 이상이 각각 27.3%, 42.6%로 장기체재가 매우 높은 것으로 나타나고 있다. 또한 외래방문객의 이용 숙박시설을 살펴보면 ‘호텔’(66.8%)이 가장 높은 것으로 나타났으며, ‘모텔 / 여관’(12.8%), ‘기타’(9.9%), ‘친구 / 친척 집’(4.7%), ‘민박’(4.0%), ‘유스호스텔’(1.8%) 순으로 나타나고 있다.

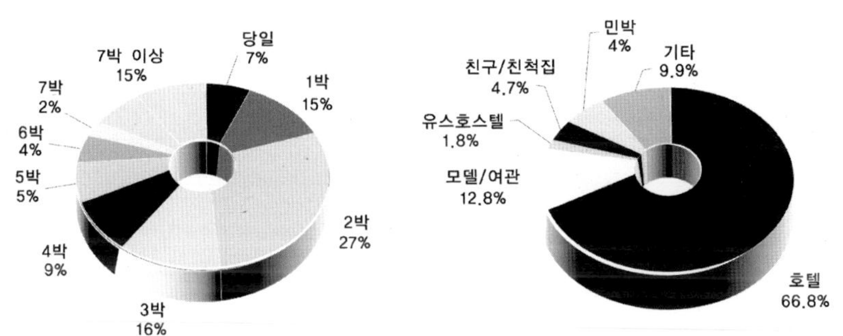

〈그림 2-1〉 부산시 외래방문객 체재기간 및 이용 숙박시설

자료: 부산광역시, 「2002년 부산방문 외래관광객 실태조사 결과보고서」, 2002, p.137, p.140에서 인용.

부산의 축제에 대한 인지 정도를 묻는 질문에 대해 ‘월드컵’이 41.7%, ‘아시안게임’이 25.4%, ‘국제영화제’가 13.7%, ‘아시안위크’가 3.7%, ‘자갈치문화관광축제’ 3.5%, ‘부산락페스티벌’ 3.0%로 나타났다. 실태조사 시기가 2002년 월드컵 및 아시안게임 개최 연도라는 점에서 본 연구의 대상인 부산국제영화제에 대한 인지 정도는 부산시의 축제 중 가장 높은 인지도를 보여주고 있다고 할 수 있다.

  2) 관광객 지출구조

 2002년도 부산시 외래방문객의 국적별 지출액(부산광역시, 2002)을 살펴보면, 미국 및 기타 국가 방문객이 325,331원 / 일로 가장 높게 나타나고, 다음으로 일본인이 270,784원 / 일, 중국인이 225,004원 / 일 그리고 러시아인이 199,541원 / 일의 순으로 조사되었다. 부산을 방문한 외래 방문객의 1일당 평균지출비용은 270,175원으로 나타나고 있다.

〈표 2-3〉 부산시 외래방문객 지출경비

(단위: 1인당, 1일, 원)

국 적	표본대상수	평균지출액	합 계
일 본	768	270,784	207,962,388
미국 및 기타 국가	528	325,331	171,775,011
중 국	444	225,004	99,901,704
러시아	135	199,541	26,938,022
	3,480	270,175	959,278,206

자료: 부산광역시, 「2002년 부산방문 외래관광객 실태조사 결과보고서」, 2002, p.132의 〈표 4-12〉지출경비를 재구성함. 표본대상수는 3차에 걸쳐 실시한 대상표본의 합계임.

  3) 관광사업체 및 종사자 수

 2005년 7월 현재 부산시의 관광사업체(한국관광협회중앙회, 2005)를 살펴보면, 여행업이 688개소(일반여행업: 33개, 국외여행업: 363개, 국내

여행업: 292개), 관광숙박업이 63개소(관광호텔업: 59개, 수상관광호텔업: 1개, 가족호텔업: 1개, 휴양콘도미니엄: 2개), 관광객이용시설업이 12개소(전문휴양업: 1개, 관광유람선업: 1개, 관광공연장업: 1개, 외국인전용관광기념품업: 9개), 국제회의시설업 1개소, 국제회의기획업 8개소, 카지노업 1개소, 유원시설업 18개소, 관광편의시설업이 105개소, 특별회원 12개소 등 총 908개소로 분석되었다.

이는 전년 7월(842개소) 대비 관광사업체 수에서 7.84% 증가한 것이며, 2000년 이후 평균 9.61%의 증가추세를 나타내고 있다. 아래 〈표 2-4〉는 2000년 7월 이후 2005년 7월 현재까지의 부산시 관광사업체 업종별 추이를 보여주고 있다.

〈표 2-4〉 부산시 관광사업체 수 변동 추이

업종별 \ 년도	'05. 7	'04. 7	'03. 7	'02. 7	'01. 7	'00. 7
여행업	688	636	611	542	502	411
관광숙박업	63	60	60	62	61	56
관광객이용시설업	12	11	12	14	14	14
국제회의시설업	1	1	1	1		
국제회의기획업	8	8	8	7	5	2
카지노업	1	1	1	1	1	1
유원시설업	18	19	17	14	16	16
관광편의시설업	105	103	99	98	80	68
특별회원	12	3	3	9	9	9
총　　계	908	842	812	748	688	577
전년대비 증가율 (%)	7.84	3.69	8.56	8.72	19.24	

자료: http://www.koreatravel.or.kr/PDS/index.asp, 한국관광협회중앙회, 2000년 7월부터 2005년 7월까지의 관광사업체현황을 재구성하였음.

또한 〈표 2-5〉에서 보는 바와 같이 부산시의 관광사업체의 점유율은 전국의 총 관광사업체 11,679개소의 7.78%의 점유율을 보이고 있어 단일 지역으로서 서울(41.96%), 경기(11.80%) 다음으로 매우 높은 점유율을 보이고 있으며, 전국 관광사업체 수 대비 관광호텔업은 10.59%, 특히 수상관광호텔업은 제주도와 함께 그리고 관광공연장업은 서울과 함께 각각 1개소로 각 50%의 점유율을 보이고 있으며, 관광유흥음식점업(25.53%), 관광유람선업(25%), 국제회의시설업(25%), 관광사진업(19.35%), 시내순환관광업(14.29%), 카지노업(12.5%) 등에서 비교적 높은 점유율을 나타내고 있다.

〈표 2-5〉 부산시 관광사업체 점유율

업 종 별	전국 관광사업체 수	부산 관광사업체 수	점유율 (%)
국외여행업	4,715	363	7.70
국내여행업	3,705	292	7.88
일반여행업	767	33	4.30
관광호텔업	557	59	10.59
수상관광호텔업	2	1	50.00
가족호텔업	17	1	5.88
휴양콘도미니엄업	116	2	1.72
전문휴양업	11	1	9.09
관광유람선업	4	1	25.00
관광공연장업	2	1	50.00
외국인전용관광기념품판매업	105	9	8.57
국제회의시설업	4	1	25.00
국제회의기획업	123	8	6.50
카지노업	13	1	7.69
유원시설업	241	18	7.47
관광유흥음식점업	94	24	25.53
외국인전용유흥음식점업	245	9	3.67
관광식당업	832	65	7.81
시내순환관광업	7	1	14.29
관광사진업	31	6	19.35
특별회원	75	12	16.00
총 계	11,679	908	7.78

자료: http://www.koreatravel.or.kr/PDS/index.asp, 한국관광협회중앙회, 2005년 7월 1일 현재 관광사업체현황을 재구성하였음. 전국 관광사업체 중 부산지역에 없는 사업체의 유형은 삭제되었으며, 그 총계는 모든 사업체를 합한 수치임.

　부산시 관광산업 종사자 수는 2000년도 통계청 사업체기초통계조사(통계청, 2000)에 의거하여 본 연구에서 분류한 관광산업 기준에 의거 산출하였는데, 총 177,352명으로 부산시 전체 종사자 수의 16.78%를 차지하고 있는 것으로 조사되었다. 이 수치는 전국 관광산업 종사자 수의 구성비(15.25%)보다 다소 높은 것으로 분석되었다. 또한 부산시 산업별 종사자 수 구성비에 의하면 제조업(21.44%), 도매 및 소매업(19.42%) 다음으로 비중이 높은 산업이며, 관광산업 중 음식업(11.21%)이 가장 높은 것으로 나타났다.

〈표 2-6〉 부산시 산업별 종사자 수(2000년 기준)

구 분	전 국		부 산	
	종사자 수 (명)	구성비 (%)	종사자 수 (명)	구성비 (%)
계	13,604,274	100.00	1,057,136	100.00
농업 및 임업	24,806	0.18	127	0.01
어업	31,302	0.23	4,007	0.38
광업	21,406	0.16	108	0.01
제조업	3,333,018	24.50	226,618	21.44
전기, 가스 및 수도사업	56,629	0.42	3,581	0.34
건설업	640,755	4.71	35,942	3.40
도매 및 소매업	2,401,251	17.65	205,290	19.42
운수업	385,454	2.83	51,235	4.85
통신업	130,831	0.96	10,227	0.97
금융 및 보험업	613,580	4.51	46,785	4.43
부동산업 및 임대업	329,886	2.42	25,079	2.38
사업서비스업	619,007	4.55	35,059	3.32
공공행정, 국방 및 사회보장행정	520,932	3.83	41,964	3.97
교육 서비스업	921,158	6.77	72,108	6.82
보건 및 사회복지사업	487,902	3.59	39,130	3.70
오락, 문화 및 운동관련산업	270,942	1.99	21,972	2.08
기타 공공, 수리 및 개인서비스업	740,151	5.44	60,552	5.73
관광산업 숙박업	125,509	0.92	11,438	1.09
음식점업	1,430,476	10.51	118,464	11.21
쇼핑업	91,966	0.68	6,836	0.65
관광교통업	379,846	2.80	38,395	3.63
문화오락서비스업	37,734	0.28	1,339	0.13
영상오락서비스업	9,733	0.07	880	0.08
소 계	2,075,264	15.25	177,352	16.78

주: 관광산업은 본 연구의 관광산업 분류기준에 의해 분류하였음.
자료: 통계청(2000), 사업체기초통계조사보고서에 의거 재정리하였음.

4) 관광산업 비중

부산시는 관광·컨벤션산업을 10대 전략산업의 하나로 선정하여 적극 육성하고 있는 실정이며, 부산시 내 산업별 총생산액은 2000년도 산업연관표(한국은행, 2003)의 생산거래표에 의거 산출하였는데, 관광산업의 총생산액은 총 6조 588억 4,000만 원으로 부산시 총 생산액(89조 8,767억 6,700만 원)의 6.74%를 차지하고 있는 것으로 조사되었다. 이 수치는 전국 관광산업 생산액의 구성비(5.82%)보다 다소 높은 것으로 분석되었다.

<표 2-7> 부산시 산업별 생산액 (2000년 기준)

(단위: 백만 원, %)

산업 구분		전 국	구성비	부 산	구성비
합 계		1,643,845,472	100.00	89,876,767	100.00
농림수산업		38,463,169	2.34	1,173,839	1.31
광산업		1,694,039	0.10	8,414	0.01
제조업		594,834,119	36.19	19,061,393	21.21
전력, 가스 및 수도사업		28,600,219	1.74	1,320,949	0.15
건설업		106,799,693	6.50	6,103,814	6.80
도매 및 소매업		396,015,078	24.09	31,792,327	35.37
운수업		35,044,477	2.13	1,796,435	2.00
통신업		27,742,787	1.69	1,786,375	1.99
금융 및 보험업		54,559,813	3.32	3,392,112	3.77
부동산 및 사업서비스		108,607,969	6.61	6,181,036	6.88
공공행정 및 국방		45,712,913	2.78	2,108,059	2.35
교육 및 보건		63,830,938	3.88	4,470,276	4.97
기타사회서비스		34,506,159	2.10	2,194,957	2.44
기타		41,814,243	2.54	2,427,941	2.70
관광산업	음식점업	35,472,249	2.16	2,842,734	3.16
	숙박업	5,313,029	0.32	510,474	0.57
	쇼핑업	24,635,451	1.50	1,542,536	1.72
	관광교통업	19,589,575	1.19	994,544	1.11
	문화오락서비스	9,911,417	0.60	106,731	0.12
	영상오락서비스	698,135	0.04	61,821	0.07
	소 계	95,619,856	5.82	6,058,840	6.74

주: 관광산업은 본 연구의 관광산업 분류기준에 의해 분류하였음.
자료: 한국은행(2004) 산업연관표, 통계청(2000) 사업체기초통계조사보고서에 의
　　거 재정리하였음.

2. 부산국제영화제 현황 분석

1) 연혁 및 현황

부산국제영화제(PIFF: Pusan International Film Festival)는 1990년대에 접어들어 한국 내, 특히 부산에서의 국제영화제에 대한 필요성이 대두되면서 1995년 영화제준비위와 부산시 간의 비경쟁영화제 개최의 가능성 타진과 행정적·재정적 지원 약속으로 이루어졌다.(김휴종, 2003) 문화도시로서의 부산의 국제적 이미지 제고와 영상산업을 시정의 전략산업으로 하여 부산지역경제의 활성화를 유도하며, 세계 영화계에 한국 및 아시아지역 영화의 위상 정립과 아시아지역 영화에 대한 투자 및 제작 등의 영화시장 활성화의 주역으로서 역할을 목적으로 설립되었다.

제1회 부산국제영화제는 1996년 9월 13일 아시아 최고의 영화제를 목표로 시작되어 29개국 170편의 영화들이 수영만 야외상영관과 남포동 극장가 일대에서 상영되었으며, 27개국 224명의 초청 인사들이 부산을 방문함으로써 세계적 영화제로서의 기반을 조성하였다. 또한 제1회 부산국제영화제는 우리나라에서 최초로 개최된 국제영화제로서 세계적으로 인정받은 작품들을 엄선하여 수동적인 영화 관람의 형태에서 벗어나 적극적이고 참여하는 영상문화를 만들고 세계영화계에 한국영화의 위상을 드높이는 계기를 마련하고자 개최되었다.

한국과 아시아 지역의 영화에 초점을 맞추고 아시아 영화의 정체성을 찾는 국내 최초의 국제영화제인 부산국제영화제는 세계 각국에서 참여하는 영화인과 영화 마니아들이 함께하는 영화축제로서 유명배우, 감독들과 접할 수 있는 만남의 장이 마련되기도 하며, 아시아지역의 대표적인 영화제로 자리잡고 있다.(부산시, 2005)

이러한 부산국제영화제는 매년 9월~11월(10일 내외)을 개최기간으로 하면서 부산 남포동 영화상영관 및 수영만 요트경기장 등 15개소 내외의 상영관에서 개최되면서, 2004년까지 총 9회의 개최 횟수를 기록하였다. 그동안 연 453개국 1,889편(연간 평균 50개국 210편)의 작품이 상영되었으며, 국내외 334개국 4,039명(연간 평균 37개국 449명)의 초청인사가 참여하였으며, 총 관람객 수는 연 1,573,617명(연간 평균 174,479명)의 관람객을 확보하였으며, 아시아 지역 최고의 영화제로 발전하는 한편, 세계 8대 영화제로 급부상하였다. 또한 부산국제영화제는 국제영화제작자연맹(FLAPF)으로부터 공인받은 국내 유일의 종합적인 비경쟁 국제영화제로 성장하였다.(이익주, 2003) 연도별 부산국제영화제 개최현황을 간략하게 살펴보면, 아래 〈표 2-8〉과 같다.

〈표 2-8〉 연도별 부산국제영화제 개최현황

구 분	개최기간	상영작품 (국 / 편수)	초청국가 및 외국 영화인 (국 / 명)	참여 관객 (명)	사업비 (억원)
제1회('96)	9.13~ 9.21	31 / 169	26 / 104	184,071	22
제2회('97)	10.10~10.18	33 / 163	29 / 164	170,206	24.5
제3회('98)	9.24~10.1	41 / 211	35 / 419	215,000	25
제4회('99)	10.14~10.23	54 / 207	36 / 377	180,914	26.5
제5회('00)	10.6~10.14	55 / 207	39 / 416	181,708	27
제6회('01)	11.9~11.17	60 / 201	30 / 525	143,103	31.3
제7회('02)	11.14~11.23	57 / 226	35 / 553	167,349	32.5
제8회('03)	10.2~10.10	61 / 243	44 / 2,523	165,102	37
제9회('04)	10.7~10.15	63 / 264	50 / 5,638	166,164	39.5

주: 2000년 대비 관객 감소사유: 시민회관 개·폐회식 개최로 좌석 45,095석 감소됨.
자료: http://www.piff.org/kor/html/archive/arc_history09_01.asp, PIFF자료실의 제1회에서 제9회까지의 영화제 개요내용을 재정리하였음.

특히, 제9회 부산국제영화제는 2004년 10월 7일부터 10월 15일까지 9일간 개최되었는데, 역대 최다인 63개국, 262편의 영화가 초청되었으며, 이 중 세계 최초 상영작이 역대 최다인 38편에 달했다. 또한 PIFF기간 중 부산을 찾은 공식 게스트는 50개국에서 총 5,638명으로 2003년보다 300여 명이나 대폭 늘어난 특징을 보였다. 총 판매좌석 수도 166,164석으로 좌석점유율이 84.8%를 기록하였다. 이 외에도 오픈 토크(open talk), 마스터 클래스(master class) 등 각종 공식행사와 야외 이벤트가 2003년도에 비해 보다 다양하게 개최되어 관객과 게스트로 하여금 적극적인 참여를 유도함으로써, 보다 한층 더 축제분위기가 고조되었다.(문승호, 2004) 개최결과 및 성과를 요약해 보면 아래 〈표 2-9〉와 같다.

〈표 2-9〉 제9회 부산국제영화제 개최 결과 및 주요 성과

행사 개요	1) 기간·장소: 2004. 10. 7. ~ 10. 15. (9일간), 17개 관(요트경기장, 부산·대영, 메가박스) 3) 규　　모: 63여 개국·262편, 5,638여 명 국내외 영화인, 관객 16.6만 명 4) 프로그램: 아시아의 창 등 9개 부분 5) 시　　상: 아시아신인상 등 7개 7) 사 업 비: 39.5억 원(국비 10억, 시비 13억, 수입금 10억, 협찬금 등 6.5억)
개최 결과	1) 관객 및 입장수익 　-총 관 객: 166,164명(총 좌석 195,924석의 84.8%, 전년대비 .64% 증가) 　-수　　입: 11.2억 원(입장료 5.5억, 협찬금 5.7억 원) 2) 참가 게스트 　-영화제: 50개국 5,638명 참가(국내 4,587명, 해외 1,051명, 전년대비 39.4% 증가) 　-P P P[a]: 30개국 300개사 1,000명, 미팅 550회 실시 　-BIFCOM[b]: 15개국 61개 커미션 등 2,000명, 미팅 300회 실시 　-AFCNet[c]: 13개국 30개 정회원 및 옵서버 커미션 참가

<table>
<tr><td rowspan="10">개최
결과</td><td>

3) 프로그래밍
 －뉴커런츠 등 9개 부문과 특별기획전 운영
    ※ 특별기획전: 독일·인도네시아 영화·애니메이션 특별전, 테오
      앙겔로플로스 회고전
 －63개국 262편 454회 상영(전년도 62개국 250편 414회 상영)
    ※ 한국 58편, 아시아 14개국 101편, 미주·유럽 48개국 103편
4) 부대행사
 －핸드프린팅: 1회 실시(테오 앙겔로플로스)
 －세 미 나: 3회 실시(인도네시아 영화가능성, 한홍합작, 다큐관련)
 －야외·오픈무대: 8회 실시('2046', '주홍글씨' 등 5개 작품 감독 및 배
  우 출연)
 －관객과의 대화: 117회 실시(야외상영장, 부산·대영·메가박스, 감독
  및 배우 출연)

</td></tr>
<tr><td rowspan="1"></td></tr>
<tr><td>

1) 역대 최대 규모로 세계적 영화제 입증
 －중앙아시아 및 아프리카, 남미지역의 다양한 국가 참여
 －칸, 베를린 집행위원장, 제작·배급자 등 내실 있는 게스트 참석
2) 해운대 지역 국제적인 관광명소로의 가능성 입증
 －MOVIE 및 아트 스트리트 조성으로 영화도시 이미지 구축
 －PPP와 BIFCOM 등 국제영화산업, 홍보 및 마케팅 장소로 부각
3) 아시아 최대의 영화산업 중심도시로 부각
 －PPP, 아시아 최대의 필름 비즈니스 마켓으로 자리매김
 －BIFCOM, 국제영화산업 정보교류 및 유치마켓으로 호응
 －AFC Net 구축, 아시안 필름커미션 연대로 아시아 영상산업 활력 도모
4) 관객 참여(편의) 프로그램 발굴로 범시민 축제 고조
 －영화상영의 다양한 프로그램 발굴로 시민 참여 고조
 －소외 계층 참여확대 프로그램 개발로 범시민 축제 승화

</td></tr>
</table>

주요
성과

주: a) Pusa Promotion Plan의 약자로 세계 최대의 아시아 영화 프리－마켓(Pre
　　 －market)임.
　 b) Busan Int'l Film Commission의 약자로 국제영화산업 정보교류 및 유치마
　　 켓의 장.
　 c) Asian Film Commission Network의 약어임.
자료: 부산광역시 문화예술과, 2004. 11. 시정보고자료에서 발췌함.

본 연구의 대상인 2005년 10월 6일부터 개최된 제10회 부산국제영화제의 개요를 살펴보면 아래와 같다.

- 행사명칭: 제10회 부산국제영화제
- 기　　간: 2005년 10월 6일 ~ 10월 14일
- 장　　소: 해운대 지역 요트경기장 내 야외상영장과 메가박스, 프리머스 극장 및 남포동 지역의 부산극장과 대영극장 등 총 5개 관
- 개막작품: 허우 샤오시엔 감독의 '쓰리 타임즈(Three Times)'
- 폐막작품: 황병국 감독의 '나의 결혼 원정기'
- 총출품작: 73개국 307편
- 프로그램 개요
  ① 아시아 영화의 창: 다양한 시각과 스타일을 지닌 역량 있는 아시아 영화감독들의 신작 및 화제작 소개
  ② 새로운 물결: 아시아 영화의 미래를 이끌 신인 감독들의 첫 번째 또는 두 번째 장편들의 경쟁 부문
  ③ 한국의 파노라마: 한국영화의 흐름을 파악할 수 있는 수준 높은 최신작을 소개하는 부문
  ④ 한국영화 회고전: 한국영화사에 한 획을 그은 특정 감독이나 의미 있는 주제의 회고전을 통해 한국영화사를 재조명하는 장
  ⑤ 월드시네마: 세계 영화의 최근 경향을 파악할 수 있는 화제작과 세계적인 영화 작가들의 최신작 소개
  ⑥ 와이드 앵글: 영화의 시선을 넓혀 색다르고 차별화된 비전을 보여주는 단편 영화, 애니메이션, 다큐멘터리, 실험영화 분야의 수작을 모아 선보이는 부문
  ⑦ 오픈 시네마: 작품성과 대중성을 겸비한 신작 및 국제적인 관심을 모은 화제작을 야외 특별 상영관에서 상영

⑧ 크리틱스 초이스: 새로운 시네 아티스트들을 발굴하고 새로운 영화 세대들과의 진지한 논쟁을 위한 것으로 **총 5인의 비평가**가 선정한 작품 상영

⑨ 특별기획 프로그램: '아시아작가영화의 새지도 그리기', 'APEC 영화 특별전-대화', '새로운 물결 10년 그리고 현재', '영국특별전'

- 10주년 기획이벤트: 국제학술대회-아시아영화연구, 감독·배우와 영화보기, 폐막파티, 시네마틱 러브, 오픈 콘서트, PIFF 관객카페, 10주년 전시회, 핸드프린팅, 마스터 클래스, 오픈 토크, 야외무대, 관객이벤트, 온라인이벤트

2) 국내 주요 국제영화제와의 비교

국내에서 개최되고 있는 대표적인 국제영화제에는 부산국제영화제(PIFF) 외에 부천국제판타스틱영화제(PiFan: Puchon International Fantastic Film Festival), 전주국제영화제(JIFF: Jeonju International Film Festival) 그리고 광주국제영화제(GIFF: Gwangju International Film Festival)가 있다.

PiFan은 1997년 8월 29일에 제1회 영화제를 개최하였으며, 지난 2005년 7월 14일부터 7월 23일까지 총 9회의 영화제를 개최하고 있다. '사랑, 환상, 모험'이라는 주제하에 '관객을 생각하는 영화제, 재미있는 영화제, 가까이 있는 영화제'를 표명하고 있다. PiFan은 판타스틱 영화 장르가 가지는 비판적이며 대안적인 가치를 지향하며, 획일적인 주류 문화에 대한 대안으로 다양한 비주류 문화를 옹호하며, 아울러 이러한 가치를 관객과 함께 나누고자 하는 것이 특징적이다. 2004년 7월에 개최되었던 제8회 PiFan의 추진실적(부천시, 2004)을 살펴보면, 총 32개국 261편의 작품이 초청되었으며, 총 상영 횟수 215회, 총 유료관객 64,603명(2003년 대비 5.4% 증가), 총 관람인원 83,413명(영화관람 70,603명, 행사관람

12,810명), 총 입장권수입 2억 1,400만 원으로 나타나고 있다.

JIFF는 2000년 4월 28일에 제1회 영화제를 개최하였으며, 지난 2005년 4월 28일부터 5월 6일까지 총 6회의 영화제를 개최하고 있으며, 지난 6회 영화제는 30개국 170여 편의 초청작품이 상영되었다. '자유, 독립, 소통'이라는 주제하에 '새로움과 다양성을 추구하는 영화제'로 발전하고 있다. JIFF는 영화미학이나 영상기술 면에서 지금까지 보아온 주류 영화들과는 다른 새로운 대안적 영화(alternative film)를 관객들에게 소개함은 물론 디지털 영화(digital film)의 상영 및 지원을 지향하고 있으며, 예술정신이라는 전주만의 정체성을 표방하며 대안영화의 지표를 완성하고 있다.

GIFF는 2001년 12월 7일에 제1회 영화제를 개최하였으며, 지난 2005년 8월 26일부터 9월 4일까지 총 5회의 영화제를 개최하고 있으며, 지난 5회 영화제는 31개국 182편의 초청작품이 상영되었다. GIFF는 남녀노소를 불문한 모든 광주시민들을 비롯해 영화를 즐기고자 하는 국내·외의 모든 관객들과 함께하며, 제7의 종합예술로 태동하던 시절의 '영화란 무엇인가?'라는 명제를 반추하는 의미로서 영화의 즐겁고 경쾌한 면을 부각시켜 모든 사람들이 함께 즐기고 참가할 수 있는 영화제이다. 위에서 살펴본 국내 주요 국제영화제들을 간략하게 비교해 보면 아래 〈표 2-10〉과 같다.

〈표 2-10〉 국내 4대 국제영화제 비교

구 분	부산국제영화제	부천국제판타스틱영화제	광주국제영화제	전주국제영화제
최초 개최	1996. 9. 13 ~ 9. 26	1997. 8. 29 ~ 9. 5	2001. 12. 7 ~ 12. 14	2000. 4. 28 ~ 5. 4
개최 횟수	2005. 10. 10회 예정	2005. 7. 9회 개최	2005. 8. 5회 개최	2005. 4. 6회 개최
개최 시기	유동적 (9월 ~ 11월)	3회 이후 고정적 (7월 중순 ~ 7월 말)	유동적 (8월 ~ 12월)	유동적 (4월 말 ~ 5월 초)
개최 장소	남포동 PIFF광장, 메가박스 요트경기장 야외상영장	시민회관 및 시청 대강당, 복사골 문화센터, CGV부천8	광주문화예술회관 대극장, 충장로극장가, 남도예술회관, 조선대학교 서석홀, 광주교육대학교 대강당	전북대문화관 영화의 거리, 덕진 예술회관, 건지 아트홀
규모 (2004)	초청작-63개국 262편 게스트-5,638명 (PPP포함) 사업비-39.5억 원	초청작-32개국 261편 게스트-1,440명 사업비-23.5 억 원	초청작-19개국 120편 초청게스트-740명 사업비-13억 원	초청작-30개국 284편 게스트-338명 사업비-21.5 억 원
성격	비경쟁영화제 (부분경쟁)	비경쟁영화제 (부분경쟁)	비경쟁영화제	비경쟁영화제 (부분경쟁)
관람객	총 관객: 166,164명 유료관객: 133,000명	총 관객: 83,413명 유료관객: 64,603명	총 관객: 31,806명 유료관객: 25,174명	총 관객: 280,000명 유료관객:
프로 그램	-아시아 영화의 창 -새로운 물결 -한국영화 파노라마 -한국영화 회고전 -월드시네마 -와이드앵글 -오픈시네마 -크리틱스 초이스 -특별기획	-부천초이스 -월드판타스틱 시네마 -판타스틱 단편걸작선 -패밀리 섹션 -한국영화걸작 회고전 -특별 프로그램 -특별상영	-영시네마 -월드시네마 -논픽션시네마 -시민영화광장 -한국영화 지금 -회고전 -기획전	-인디비젼 -디지털 스펙트럼 -시네마 스케이프 -필름 메이커스 포럼 -한국영화 영화궁전 -필름 앤 디지랩 -스페셜 스크리닝
부대 행사	리셉션, 핸드프린팅, 기자회견, 야외무대, 오픈토크, 세미나, 야외상영장 공연		핸드프린팅, 프리토크, 시네포럼(시네마), 야외공연, 프리마켓	JIFF 원더랜드, 영화의 거리 행사, JIFF쥬쿠-온클럽 페스티발, 마스터스 클래스, 세미나

주: http://www.piff.org/kor/, http://www.pifan.com/, http://www.giff.org/,
http://www.jiff.or.kr/의 자료를 재구성하였음.

3) 기타 성과 및 현황

가. 기타 성과

부산국제영화제는 9회를 개최하면서 영화제의 성공적인 개최 외에도 많은 성과를 거두었는데, 주요 성과를 살펴보면 아래와 같다.(부산국제영화제조직위원회, 2005)

1997년 제2회 국제영화제 개최에 맞춰 PIFF 광장이 조성됨으로써 시민들의 문화공간으로서 그리고 축제의 장으로서 활용토록 하였으며, 아시아의 유망 감독과 제작자들이 공동제작자나 투자자를 만날 수 있는 프리-마켓(Pre-market)인 부산프로모션플랜(PPP: Pusan Promotion Plan)을 출범하였다. 1998년 3회에 이르러 PPP가 정식 출범되면서 새로운 아시아의 영화시장이 형성되었으며, 4회(1999)에 이르러서는 단순한 아시아 영화의 소개 단계에서 발전하여 아시아의 주요 작품들을 한눈에 볼 수 있는 세계 최고의 쇼 케이스로서의 위상을 정립하게 되었다.

이 외에도 국내외 미개봉 영화와 우수 예술영화의 상영, 각종 영상자료의 열람, 영화강좌 개설 등 영화문화운동의 장으로서의 시네마테크 부산(Cinema theque Busan)을 개관하였으며, 부산영상위원회의 설립, 친구의 거리 등 조성, 부산영화촬영스튜디오(2001년 11월) 및 부산영상벤처센터(2002년 7월)의 개관, 아시아 지역 영화산업의 연계망 구축을 위한 네트워크 조성 등의 성과를 올리면서 아시아 영상산업 중심도시로서의 위상을 구축하고 있다.

또한 시네포트 부산(Cine Port Busan) 조성사업을 시정의 전략산업으로 추진하면서 부산영상센터 건립, 영화후반작업기지 조성, 영화체험박물관 건립, 부산 문화콘텐츠 콤플렉스의 건립, 영화촬영지구의 조성, 부산 문화산업 클러스터 조성, 영화·영상진흥기금의 조성, 아시아 영상산업

정보네트워크 구축, 각종 이벤트 육성 등을 추진하고 있다.

부산외국어대학교 부산국제영화제지원팀에서 실시한 PIFF 참가자에 대한 설문조사(김휴종, 2003)에 의하면, 〈그림 2-2〉에서 보는 바와 같이 PIFF는 영화제로서의 위상을 정립함은 물론 지역사회 발전에도 기여하고 있는 것으로 나타나고 있다.

아울러 영화제가 거듭될수록 영화제에 대한 참가자들의 관심도가 높은 폭으로 증가되고 있으며, 또한 〈그림 2-3〉에서 보는 바와 같이 참가자들은 영화제의 개최가 부산지역사회 및 지역경제에 상당히 기여할 것으로 인식하고 있는 것으로 나타나고 있다.

<그림 2-2> 제7회 부산국제영화제 참여 동기

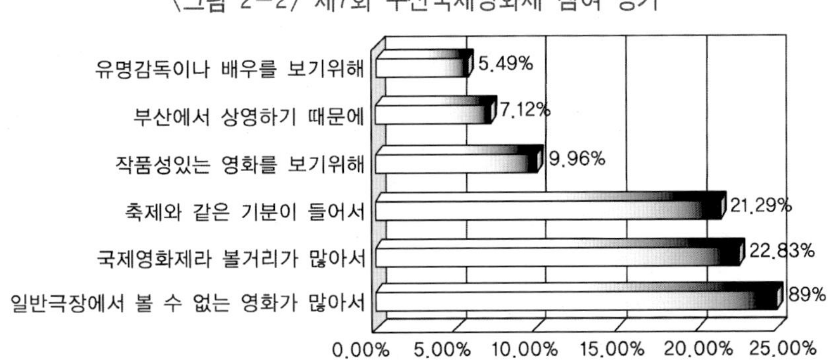

자료: 김휴종, 「부산국제영화제의 경제적 효과분석」, 추계예술대학교 문화산업대학원, 2003, p.20에서 재인용.

<〈그림 2-3〉 부산국제영화제에 대한 관심도 및 인지도>

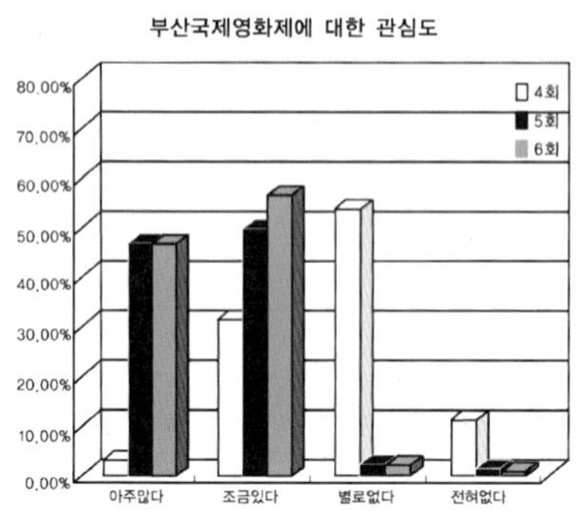

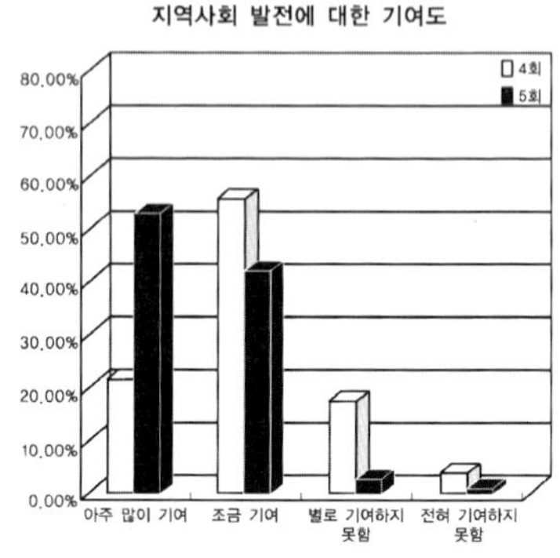

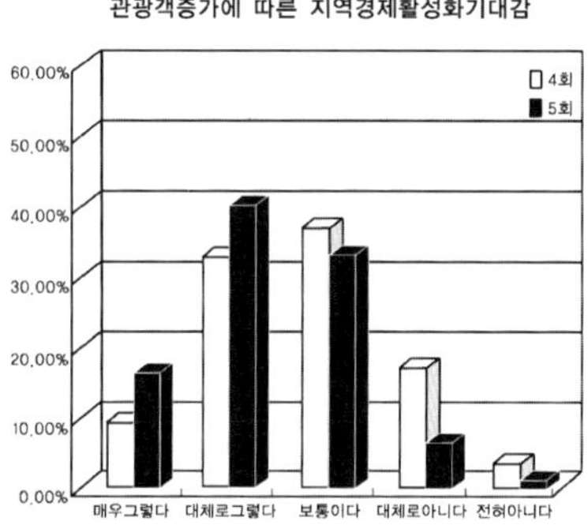

자료: 김휴종, 「부산국제영화제의 경제적 효과분석」, 추계예술대학교 문화산업대학원, 2003, p.21-23에서 재인용.

위에서 살펴보았듯이 이제 부산국제영화제는 명실상부한 우리나라를 대표하는 국제적 메가 이벤트로서 또한 아시아를 대표하는 대표적인 영화축제로서 성장하였음을 알 수 있다. 부산국제영화제의 성공적인 개최와 그에 따른 부산의 국제적 이미지 제고는 부산지역사회 및 지역경제에 있어 매우 중대한 비중을 갖는 문화 이벤트라 볼 수 있다. 또한 부산시의 영화제와 영상산업에 대한 적극적인 지원과 이러한 문화 이벤트 및 문화산업이 지역사회 및 경제 활성화에 기여할 것이라는 부산시민들의 관심도 및 인지도가 증대하면서 부산시는 진정한 문화산업 중심도시로 성장할 수 있을 것이다.

또한 부산국제영화제의 성공적인 개최는 직접적으로 관련된 영상산업 뿐만 아니라 대규모 외래 방문객을 지역사회로 유인할 수 있다는 점에서 숙박업 및 음식점업, 쇼핑업, 관광교통업, 문화오락서비스가 포함되어 있는 종합산업으로서 관광관련 산업 및 기타 부산시 모든 산업 활동의 활성화에 크게 기여할 것이다.

2003년도 부산시 문화관광국장 이익주는 그의 「부산국제영화제와 영상산업 발전 방향」이라는 논문에서 영상관련 몇 가지 지표를 제시하였는데, 아래 〈표 2-11〉과 〈표 2-12〉이다.

〈표 2-11〉 영상관련 지표의 개선

분 야	증 가 (율)
부산의 영화산업 성장률	'99년 381%, '00년 28% (전국평균 16% 예측, 동기간 부산경제성장률 7.4%, 5.2%)
부산지역 영화촬영 증가	'99년 이전 1~2편 ⇒ '00년 이후 10~19편 / 년
부산 극장수 및 스크린수 증가	'98년 19극장 25스크린 ⇒ '03년 현재 23극장 87스크린
부산 극장관객 증가 (1인당 연간 관람 횟수 '02기준)	전국 2.7회, 부산 3.0회('98년 1.5회)
한국영화 점유율 증가	'93년 15% ⇒ '01년 50%
한국영화수출 증가	'95년 15편 ⇒ '01년 102편

자료: 이익주(2003), 전게서, p.9에서 인용함.

〈표 2-12〉 촬영유치를 통한 경제적 파급효과

년 도	2000년	2001년	2002년
생산적 파급효과	45억 원	379억 원	411억 원

자료: 이익주(2003), 전게서, p.9에서 인용함.

나. 기타 현황

부산지역이 영화제의 성공적인 개최와 영상산업에 대한 지속적인 투자에 힘입어 부산시는 국내외 영화산업 관계자 및 종사자가 지속적으로 방문하는 영상산업 중심도시로 그 위상을 정립하고 있는바, 부산지역을 중심으로 촬영·제작된 주요 영화들과 주요 영화촬영지로 각광을 받고 있는 명소를 살펴보고자 한다.

부산지역에서 최초로 제작·촬영된 영화는 1924년에 촬영·제작된 '해의 비곡'이다. 이후 1925년 '운영전', 1948년 '해연' 그리고 1965년 '갯마을' 등이 촬영되어 왔는데, 본격적으로 부산지역이 영화 촬영지로 등장하게 되는 시점은 1990년대이며, 이는 1996년 시작된 부산국제영화제의 성과 및 효과에 기인하고 있을 뿐만 아니라 부산영상위원회(BFC)의 발족 그리고 부산시의 적극적인 영상정책에 기인한다고 할 수 있다.(박중환, 2003)

이와 아울러 2000년도에는 부산지역에서 촬영되었던 영화 '친구'가 국내 영화사상 최단 시일 내에 700만 명의 관객을 동원하는 대기록을 세우기도 하였으며, 이로 인한 사회적 파급효과에 대한 관심과 영화관련 마케팅이 활성화되는 계기가 되었다. 2005년 현재까지의 부산지역에서 촬영된 영화들을 정리해 보면 아래 〈표 2-13〉과 같다.

또한 부산영상위원회에서 2000년에 발간된 '2000 부산필름커미션 디렉토리'에 의하면, 2000년 현재까지 부산지역 내 115곳에서 다양한 영화의 촬영이 이루어진 것으로 나타나고 있다. 물론, 이 자료 이후에도 더 많은 부산지역 내 장소에서 촬영되었을 것으로 추정할 수 있을 것이다. 아래 〈표 2-14〉는 부산지역에서 촬영된 대표적인 영화들 속에서 등장하는 부산지역 내 주요 촬영 장소들이다.

〈표 2-13〉 부산지역에서 제작·촬영된 영화 현황

연 대	촬영 영화 현황
1950년대 이전	해의 비곡(1924), 운영전(1925), 해연(1948), 춘향전(1955)
1960년대	지상의 비극(1960), 아낌없이 주련다(1962), 마도로스 박(1964), 갯마을(1965), 삭발의 모정(1965), 나운규의 일생(1966)
1970년대	항구의 등불(1972)
1980년대	사람의 아들(1980), 정염의 갈매기(1983)
1990년대	나의 사랑 나의 신부(1990), 아름다운 청년 전태일(1995), 지독한 사랑(1996), 너희가 재즈를 믿느냐(1996), 억수탕(1997), 내안에 우는 바람(1997), 꽃을 든 남자(1997), 3인조(1997), 처녀들의 저녁식사(1998), 닥터 K(1998), 인정사정 볼 것 없다(1999), 새는 폐곡선을 그린다(1999)
2000년	리베라메, 범일동 블루스, 광시곡, 천사몽, 불후의 명작, 나비, 친구, 틴잇업, 선물
2001년	인디언 썸머, 마고, 아이 러브 유, 엽기적인 그녀, 2009 로스트 메모리즈, 달마야 놀자, 아프리카, 미워도 다시 한번 2002, 정글 쥬스, 로드 무비, 성냥팔이 소녀의 재림
2002년	예스터데이, 재밌는 영화, 오버 더 레인보우, 플라스틱 트리, 라이터를 켜라, 오아시스, 폰, H(에이:치), 몽정기, 튜브, 품행제로, 밀애, 마들렌, 지구를 지켜라!, 이중간첩, 오구, 나비
2003년	태극기를 휘날리며, 내 여자친구를 소개합니다, 하류인생, 범죄의 재구성, 아는 여자, 어디선가……홍반장, 돌려차기, 실미도, 페이스, 스턴트맨, 조폭 마누라2, 4인용 식탁, 파괴, 역전에 산다, 올드 보이, 와일드 카드, 첫사랑사수궐기대회, 국화꽃 향기, 봄날의 곰을 좋아하세요?
2004년	혈의 누, Duel in Busan, 웰컴 투 동막골, 청연, 말아톤, 한길수, 달콤한 인생, 연애는 미친 짓이다, 잠복근무, 애드립맨, 귀신이 산다, 우리형, 달마야 서울 가자, 슈퍼스타 김사용, 바람의 파이터, 여자는 남자의 미래다, 풀밭 위의 식사
2005년	작업의 정석, 파랑주의보, 그녀의 서른번째 생일, 태풍, 오로라공주, 소년 천국에 가다, 강력3반, 가문의 위기, 이대로 죽을 순 없다, 야수, 박수칠 때 떠나라, 갑발, 친절한 금자씨, 천군, 남극일기, 태풍태양

자료: http://www.bfc.or.kr/, 부산영상위원회, '로케이션인 부산'에서 2005년까지 촬영 완료된 영화들을 재구성하였음.

〈표 2-14〉 부산지역의 주요 영화 속 촬영지 현황

영화명	영화 촬영지 현황
우리 형(2004)	기장군 이천리, 김해 복음병원, 부산전자공고, 부산공고 앞, 부산영화촬영스튜디오, 기장 장안고등학교
달마야 서울 가자(2004)	중구 광복로, 광복동 대각사, 부산영화촬영스튜디오
슈퍼스타 김사용(2004)	감천동 YK스틸, 감처고개, 동구 좌천동 동아제분 앞, 동아제분, 구덕운동장
내 여자친구를 소개합니다(2003)	부산영화촬영스튜디오, 중구 광복동, 중앙동 인쇄골목,
하류인생(2003)	동아대 부민캠퍼스, 범일동 삼일극장, 동구 범일동 중앙동 인쇄골목, 동아대 부민캠퍼스, 임시수도 기념관
범죄의 재구성(2003)	연산동 토곡, 동아대 부민캠퍼스, 서구 부민동
홍반장(2003)	기장군 임랑, 해운대 탑마트, 기장군 임랑철길
돌려차기(2003)	광안대교, 남부경찰서, 강서 경찰서 유치장, 경남상고, 부산기계공고, 구덕체육관
실미도(2003)	동아대 부민캠퍼스
올드 보이(2003)	장전지하철역 아래, 온천1동 일식집 고젠, 초량동 상해거리, 경성대 앞
와일드 카드(2003)	해운대 벨라지오, 서면 롯데호텔 앞
첫사랑 사수 궐기대회(2003)	영도대교, 부산항, 부산공동어시장, 동래고등학교, 자갈치시장, 해운대 그랜드 호텔
재밌는 영화(2002)	중앙동 40계단, 동아대 부민캠퍼스, 수정산 고가도로, 감천항 부두
오브 더 레인보우(2002)	서구 부민동, 부산 PSB 방송국, 토곡 사거리
오아시스(2002)	부산영화촬영스튜디오, 사상경찰서
H(에이:치)(2002)	부산지방경찰청, 녹산 생곡 쓰레기매립지, 북구 태진여객, 부산교도소, 부산영화촬영스튜디오, 중구 영주동
엽기적인 그녀(2001)	중구 부평동, 양산 물금, 해운대 달맞이 나팔꽃, 금정산성, 을숙도 갈대밭, 사직동 양정모 기념체육관
2009 로스트 메모리즈(2001)	파라다이스호텔, 부산시청, 중구 중앙동2가, 감천부두
달마야 놀자(2001)	김해 은하사, 김해 신어산, 김해 신어산 계곡
정글 쥬스(2001)	자갈치시장, 국제시장, 사하구 장림동, 다대포해수욕장, 파라다이스호텔 수영장, 태종대
성냥팔이 소녀의 재림(2001)	부산대학교 앞, 남포동 KFC Na, 서면 롯데백화점 앞, 을숙도 폐공장, 수정산 고가도로, 해운대 해안도로
리베라메(2000)	부산항 전경, 부산대교, 연산동 풍산아파트, 금정소방서, 수영만 요트 경기장 앞, 해운대 썬프라자
친구(2000)	동구 범일동, 영도대교, 자갈치시장, 기장군 대변항, 부산고등학교, 초량동 산복도로
선물(2000)	부산 MBC 방송국

자료: 부산영상위원회(2000), 2000 부산필름커미션 디렉토리, pp.12-15의 내용을 재구성함.

제2절 산업연관모형

1. 관광의 경제적 파급효과 의의

방한 외래관광객이 국내에서 소비한 지출액은 우리나라 국가경제에 투입되어 관광산업 자체에만 영향을 주는 것이 아니라, 다른 연관 산업에도 경제적 파급효과를 발생시킨다. 〈그림 2-4〉에서 보는 바와 같이, 외래관광객이 우리나라에서 소비한 지출액은 관광산업 자체의 수입(收入)이 되는데, 이를 직접효과 또는 1차 효과라고 한다.

또한 외래관광수입 중 일부는 다른 산업으로부터 식자재나 공산품 등을 구입하기 위하여 지출하게 되는데, 이러한 지출로 인하여 타 산업에 파급되는 경제적 효과를 간접효과라고 한다. 예를 들면, 관광산업에서 쌀, 야채, 생선, 고기 등을 구매함에 따라 관광수입 중 일부를 농림수산업에 지출하게 되고, 공산품 구매에 따른 제조업, 자동차 구입에 따른 자동차산업뿐만 아니라, 금융업, 통신업, 도매업 등에도 관광수입 중 일부를 지출하게 된다.

이러한 간접효과는 여기에서 끝나지 않는다. 농림수산업은 관광산업에 식자재를 공급하기 위하여 다른 산업으로부터 생산에 필요한 요소들을 구매하게 되고, 그 결과 관광산업으로부터 받은 수입 중 일부를 다른 산업에 지출하게 된다. 마찬가지로 제조업, 건설업, 자동차산업, 금융업, 전력가스수도업 등도 관광산업에 물품을 공급하기 위하여 다른 산업으로부터 생산에 필요한 요소들을 구입함에 따라 산업 간 연쇄파급효과를 발생시킨다. 일반적으로, 이러한 연쇄파급효과는 산업 간 상호 연관관계가 높을수록 강하게 나타난다.

마지막으로, 외래관광수입 중 일부는 관광산업 종사원의 월급으로 지출되며, 종사원은 생필품, 전자제품, 자동차, 세탁, 문화서비스, 주택 등을 구입하기 위하여 소득 중 일부를 타 산업에 지출하게 된다. 다시 말하면, 관광산업 종사원들의 소득의 증가로 인하여 소비가 늘어나고, 이러한 소비의 증가는 다시 농림수산업, 제조업, 건설업, 자동차산업, 금융업, 서비스업 등 다른 산업의 생산 활동을 촉진시키게 되는데, 이를 유발효과라고 한다. 여기서 간접효과와 유발효과를 합쳐서 2차 효과라고도 부른다.(Lee and Kwon, 1995)

〈그림 2-4〉 경제적 파급효과 흐름도

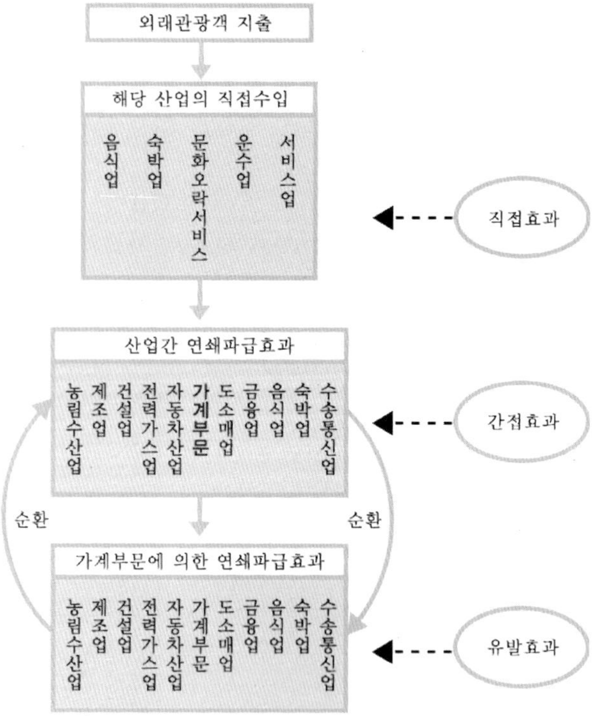

자료: 이충기(2003), 『관광응용경제학』 p.138에서 인용.

2. 관광의 경제적 파급효과 분석 유형

1) 케인즈류의 관광승수

관광과 지역·국가경제 간의 거시적 측면에서의 파급효과를 분석하는 데 있어서 유용하게 쓰이는 분석도구 중의 하나가 승수모형이다.(김사헌, 2001) 승수개념은 이미 1880년대부터 1930년대 초에 걸쳐 인식되어 왔으며, 승수효과의 원리를 처음으로 집대성한 학자는 1930년대의 칸(Khan)으로 알려지고 있다. 이러한 칸의 승수원리를 더욱 발전시켜서 체계화한 학자가 바로 '거시경제학의 아버지'라고 불리는 케인즈(Keynes)이다.

개방경제상태(open economy)의 지역경제를 가정한다면, 그 지역에 대한 투자와 역외로의 수출 등의 1차 지출은 그 지역의 고용과 소득수준을 증대시킨다. 이를 관광산업과 관련시켜 본다면, 역내 투자란 곧 관광시설물 건설과 민간부문 투자에 해당되며 역외 수출은 곧 외지관광객이 지출하는 경비가 된다. 그러므로 관광승수란 지역승수의 한 특수한 형태에 불과하며 관광객이 지출한 경비가 그 지역에 승수배의 지역경제적 효과를 가져온다고 가정했을 때의 배수를 의미하는 것이라 볼 수 있다.

승수(multiplier)는 일반경제학의 승수개념에서 비롯된 용어로 경제체계모형에서 일정 수의 변화량이 그 몇 배로 타 변수의 변화량을 가져올 때 그 몇 배라는 계수를 승수라고 하며 승수는 고용 및 소득승수 및 투자승수가 있는데 일반적으로 투자승수를 의미한다.(홍기용, 1995)

케인즈의 기본승수는 $\dfrac{1}{1-c}$ (단 $c=$한계소비성향)이나, 지역단위의 관광승수는 그러한 고전적 모형과는 달리 이른바 클로슨 모형이라고 명명되는 식(1)과 같거나 이와 유사한 형태를 취한 변형이 많이 이용된다.

$$A \times \frac{1}{1 - BC} \qquad (1)$$

여기서,

A=관광객 총지출 중 관광지에 남는 비율

B=관광지에서의 지출이 지역소득자에 의해 당해지역에서 소비되는 비율

C=관광객지출이 그 지역소득이 되는 비율

이 방정식을 고전적 모형과 비교하면, BC는 곧 관광수입을 지역에서 소비할 성향을 나타내는 것으로서, 고전적 모형의 C에 비유할 수 있다.

그리고 케인즈의 소득승수모형은 전국을 대상으로 하고 있는 데 반해 식(1)의 모형은 지역을 대상으로 하고 있다는 점에서 A는 전체 관광경비 중 해당지역에서 소비되는 비율로 A<1이 되기 때문에 승수를 축소시키는 기능을 하고 있다.

$$\sum_{j=1}^{N} \ \sum_{i=1}^{N} Q_j \, K_{ij} \, V_i \left(\frac{1}{1 - L \sum_{i=1}^{N} \Xi \, Zi \, Vi} \right) \qquad (2)$$

그러나 식(1)과 같은 단순모형에 대해 Archer(1973)는 지역 내 각 산업부문 간의 관계 그리고 이들 부문들과 소득발생효과 간의 관계를 충분히 설명해 주지 못하고 있어 다음과 같은 Archer모형 또는 부문통합모형(sectoral aggregation model)으로 발전시켰다.

i=소비지출형태별

j=관광객 숙박형태별

Q=숙박형태별 관광객의 지출비율

K=숙박형태별 관광객의 지출형태별 소비지출 백분비

V=지출항목별 소득발생률

L=현지소비성향

X=소비지출유형

Z=지역주민이 역내에서 소득을 소비하는 비율

식(2)의 모형은 관광객을 호텔, 캠핑, 민박 등과 같이 숙박형태로 구분하고 소비지출 형태와 가능한 특성을 모두 고려했다는 점에서 관광자의 여러 가지 형태별 특성의 차이를 무시한 식(1)보다 현실성 있는 모형으로 평가된다.

그러나 케인즈류의 관광승수모형은 자료 수집이 용이한 반면에 승수효과에 대한 연구결과나 정보는 정책결정자나 계획가에게 극히 제한된 가치밖에 제공하지 못하며, 지역 내의 소비지출에 대한 유발효과를 파악할 수 없는 취약점을 갖고 있다는 것이다. 그리고 지역의 소비는 내생변수(endogenous variable)로 취급하여 소득의 함수로 보아야 하는데 외생변수(exogenous variable)로만 취급하고 있는 것을 약점으로 들 수 있다. 즉 지역의 소비가 외생변수로 파악될 경우에는 소득수준의 향상으로 지역의 토산품이 수입상품으로 대체되어 한계소비성향이 1보다 크게 되어 관광승수가 음(-)의 값으로 나타날 수 있다는 것이다.(김사헌, 2003)

2) 경제기반이론적 관광승수

수출기반이론(exports base theory)이라고도 불리는 경제기반이론(economic base theory)은 케인즈류의 경제이론에 바탕을 두고 수요측면을 중심으로 접근하는 지역성장이론이다.(홍기용, 1985) 지역경제의 성장은 외부로부터의 수요, 즉 어느 한 지역에서 다른 지역으로 무역을 얼마나 수출하느냐에 따라 지역의 성장이 결정된다는 것이다.

Tiebout(1962)는 경제개발기론을 체계화하고 장래를 예측하는 한 수단으로서 경제기반승수를 도입하였다. 일부 경제학자들은 이를 관광에 적용하여 관광수입을 통한 지역경제적 효과를 파악하고자 하기도 하였다.

티보우의 경제기반이론은 지역경제를 기반산업(basic industries)과 비기반산업(non-basic industries)으로 양분하고 기반산업이 그 지역 경제를 이끌어 간다고 주장하고 있다. 여기서 기반산업이란 역외로의 수출을 통해 그 지역의 고용과 소득을 창출하며, 비기반산업(비수출산업 또는 서비스산업)은 역내수요의 충당을 위한 소비산업으로서 기반산업에 종속되는 서비스산업을 일컫는다. 따라서 관광부문은 관광객들에게 재화나 용역을 판매하여 지역에 소득 증가를 가져오는 활동이기 때문에 기반산업 중의 하나가 된다.

기반승수는 식(3)과 같이 표현되므로 특정 지역의 관광부문을 기반산업으로서 전제한다면, 식(3)이 바로 관광승수가 될 수 있다.

$$\frac{T}{B} = \frac{B+N}{B} = \frac{1}{1 - \dfrac{N}{T}} \qquad (3)$$

T=전체 산업의 소득(고용)

B=기반산업의 소득(고용)

N=비기반산업의 소득(고용)

그리고 비기반소득을 전체 소득의 함수로 표현하면

$$N=aT \qquad (4)$$

(단 $a=\dfrac{\triangle N}{\triangle T}$ 로 지역의 한계지출성향을 의미함) 식(4)을 식(3)에 대입하여

$$T=B+aT \text{에서 } T=\dfrac{1}{1-a}\times B \qquad (5)$$

여기서 경제기반승수 $k=\dfrac{1}{1-a}$ 가 된다.

관광산업을 기반산업의 하나로 볼 때 경제기반이론에 의한 기반승수 $k=\dfrac{1}{1-a}$ 가 될 때 바로 이 k가 관광승수가 된다는 것이다.(김사헌, 2001) 경제기반이론적 모형의 유용성은 모형이 단순하여 경제기반승수의 계산이 용이하고 통계자료가 부족한 경우에도 기반비(base ratio)만 알면 승수효과가 쉽게 예측될 수 있으며, 생산량의 흐름에 관한 자료가 없는 경우에도 고용예측을 통해 경제예측이 가능하고 산업연관표 작성이 어려운 상황하에서도 산업 간의 관련성에 의해 생산 또는 고용을 예측할 수 있는 장점이 있다는 것이다.

그러나 지역별로 산업구조와 소비형태가 다르기 때문에 단순히 경제기반모형을 적용하는 데 많은 한계점이 있고, 기반부문 중 기업 내에서 획득할 수 없는 생산요소는 수입을 해야 하는데 기반부문에 대한 수입을 전혀 고려하지 않고 있으며, 기반산업과 비기반산업을 구분하는 방법론에 많은 약점을 갖고 있다.

3) 산업연관분석에 의한 관광승수

애드 혹 모형이 비교적 단순하고 직선적인 모형인 반면에 정책결정자들에게 의사결정 자료로서의 가치가 큰 지역관광승수 도출방식이 산업연관분석(inter-industry analysis; input-output analysis)이다. 한 나라의 산업연관분석은 그 나라의 국민경제에서 생산되는 재화와 서비스를 통해 발생되는 생산 활동에 근간을 이루고 있는 산업 간의 상호 연관관계를 수량적으로 파악하는 분석방법을 말한다.(경기개발연구원, 2004)

산업연관분석(I/O분석이라고도 함)은 모든 산업부문 간 거래량, 즉 투입 및 산출을 종합적·체계적으로 파악하기 때문에 관련 산업부문의 전·후방효과나 유발효과를 상세히 제시해 줄 수 있다는 강점을 갖고 있다. 그러나 각 산업 간 거래표를 작성하기 위한 기본 자료를 얻기가 재정 면에서나 노력 면에서 쉽지 않을 뿐만 아니라 모형의 이해가 어렵다는 점에서 재정지원이 없는 개인 차원에서의 연구수행방법으로는 부적절한 방법일 수 있다.

3. 산업연관모형의 의의와 기본구조 및 주요 지표

1) 산업연관모형의 의의

Leontif(1966)가 개발한 산업연관모델은 산업연관표에 기초하고 있는데, 이 표는 산업 간의 재화와 용역의 흐름을 기록한 경제표이다. 즉 이 표는 산업 간의 거래관계를 나타내 주기 때문에 산업 간의 상호 연관관계를 알 수 있을 뿐만 아니라, 카지노수입을 포함한 수출이나 민간소비지출과 같은 최종수요의 증가로 인한 전 산업의 파급효과를 평가하는 데 유용한 분석기법이다. 관광산업의 경제적 파급효과를 분석하는 방법으로는 산업연관모형뿐만 아니라 Economic Base(EB)모델, Income Expenditure(IE)모델이 있다.

EB모델과 IE모델은 통합된 승수(예를 들면 관광산업 전체)를 도출하는 데 반해, 산업연관모델은 개개부문별 독특한 승수(예를 들면 관광산업 중 영상오락부문)를 도출할 수 있는 장점이 있다. 또한 EB모델과 IE모델은 주로 소규모 지역경제에 대한 분석에 국한되지만, 산업연관모델은 국민경제 전반에 걸친 관광산업의 경제적 효과를 분석하는 데 유용한 기법이다.

이러한 이유로 산업연관모델은 EB모델과 IE모델에 비하여 관광 분야에서 선호되고 있는 분석방법이다.(Fletcher, 1989) 그러나 산업연관모형을 이용하는 데는 몇 가지 가정이 있는데, 이는 분석기간 중 투입계수가 항상 일정하다는 점과 원재료의 공급이 항상 탄력적이라는 점이다. 따라서 이러한 가정들이 충족되지 않는 상황에서는 이 모형에 의하여 도출된 계수에 절대적 가치를 부여할 수는 없으나, 현실적으로 이 모형보다 더 신뢰할 만한 분석방법이 존재하지 않기 때문에 이를 수용하게 된다.[4]

2) 기본구조

가. 산업연관표

산업연관표는 일정기간(보통 1년) 동안 국민경제 내에서의 재화와 서비스의 생산 및 처분과정에서 발생하는 모든 거래를 일정한 원칙과 형식

---

[4] 그러나 최근에는 CGE(Complete General Equilibrium)모델이 개발되어 생산요소 투입기술, 수요변화 등 구조적 변화를 반영하여 분석하도록 해 준다.(Zhou, Yamagida, Chakravorty and Leung, 1997)

에 따라 기록한 종합적인 통계표이다.(한국은행, 2001)

산업연관표의 세로방향(列)은 각 산업부문의 원재료구입, 즉 투입구조를 나타내는 중간투입과 노동 및 자본투입 등 본원적 생산요소를 나타내는 부가가치의 두 부분으로 나누어지며 이들 합계를 총투입액이라고 한다. 반면 가로방향(行)은 각 산업부문의 생산물 판매, 즉 배분구조를 나타내는 것으로 중간재로 판매되는 중간수요와 소비재, 자본재, 수출상품 등으로 판매되는 최종수요의 두 부분으로 구성된다. 여기서 중간수요와 최종수요를 총수요액이라고 하며, 여기에서 수입을 빼면 총산출액이 된다.

이때 각 산업부문의 총산출액과 이에 대응되는 총투입액은 항상 일치한다.

- 총투입액＝중간투입＋부가가치
- 총산출액＝(중간수요＋최종수요)－수입
- 총투입액＝총산출액

한편, 산업연관표의 중간투입과 중간수요를 내생부문이라고 하며, 부가가치와 최종수요를 외생부문이라고 한다. 여기서 내생부문은 승수를 도출하는 데 기본이 되는 산업들이다.

〈그림 2-5〉 산업연관표의 기본구조

→ 생산물의 판매

		외생부문					
		중간수요	최종수요			수입(공제)	총산출액
			소비	투자	수출		
외생부문	중간투입	내생부문					
	부가가치	피용자보수 영업잉여 고정자본소모 간접세					
	총투입액						

자료: 이충기(2003), 「관광응용경제학」 p.140에서 인용

나. 중간투입계수

중간투입계수(Intermediate input coefficient)는 산업연관표의 중간거래 표로부터 구해진다. 중간투입계수는 각 산업부문의 재화나 서비스의 생산에 사용하기 위하여 다른 산업으로부터 구입한 각종 원재료, 연료 등 중간투입액을 총투입액으로 나눈 것이다.(경기개발연구원, 2004)

〈그림 2-6〉에서 제1열, 즉 제1산업부문의 중간투입액인 $[X_{11}, X_{21}, \cdots, X_{n1}]$을 이 부문의 총투입액인 X_1으로 나눈 값을 각각 $[a_{11}, a_{21}, \cdots, a_{n1}]$이라 하면, 이것이 제1산업부문 생산물 1단위를 생산하기 위하여 필요한 각 산업부문 생산물의 크기를 나타내는 투입계수가 된다.(이충기, 2003)

이를 식으로 표시하면 다음과 같다.

$$a_{ij} = \frac{X_{ij}}{X_j} \qquad (6)$$

여기서 a_{ij}=투입계수, X_{ij}=j부문의 생산에 필요한 i부문으로부터의 투입량, X_j=j부문의 총투입액 등이다.

〈그림 2-6〉 산업연관표의 형식

		중간수요				최종수요	수입(공제)	총산출액
		1	2	…	n			
중간투입	1	X11	X12	…	X1n	Y1	M1	X1
	2	X21	X22	…	X2n	Y2	M2	X2
	⋮	⋮	⋮		⋮	⋮	⋮	⋮
	n	Xn1	Xn2	…	Xnn	Yn	Mn	Xn
부가가치		V1	V2	… Vn				
총투입액		X1	X2	… Xn				

자료: 이충기(2003), 「관광응용경제학」 p.151에서 인용.

투입계수는 한 산업부문이 다른 산업부문으로부터 원재료를 구입함에 따라 파급되는 직접효과를 나타내며, 산업 간의 상호 의존관계를 분석하는 데 기초가 된다. 동일한 방법으로 제1산업의 부가가치액 V_1을 총투입액 X_1으로 나눈 값을 A^v이라 하면, 이것이 제1산업부문 생산물 1단위를 생산할 때 창출되는 부가가치의 크기를 나타내는 부가가치율 또는 부가가치의 직접효과를 나타낸다.

다. 생산유발계수

한 산업에 대한 최종수요가 발생할 때 그 산업은 이를 충족시키기 위하여 다른 산업으로부터 원재료를 구입하게 되고, 이 산업은 원재료를 제공하기 위하여 또 다른 산업으로부터 원재료를 구입하게 되며, 이러한 연쇄파급효과는 끝없이 계속된다. 투입계수가 직접효과의 크기를 나타낸다면, 생산유발계수는 산업 간의 연쇄파급으로 인한 직·간접효과 또는 직·간접 및 유발효과를 나타낸다.

한 나라의 경제가 n개의 산업부문으로 구성되어 있다고 가정하고 다른 나라로부터의 수입액을 M, 최종수요를 Y, 산업부문별 총산출액을 X라고 하면, 산업부문별 산출액은 그 부문의 중간수요와 최종수요에서 수입액을 차감한 것과 같으며, 이를 일련의 연립방정식으로 표시하면 다음과 같다.(한국은행, 2003) 즉 각 산업부문 생산물의 수급관계를 보면 [중간수요(X_{ij}) + 최종수요(Y_i) − 수입(M_i) = 총산출액(X_i)]이 된다.(이충기, 2003)

$$
\begin{aligned}
X_{11} + X_{12} + \cdots + X_{1j} + \cdots + X_{1n} + Y_1 - M_1 &= X_1 \\
&\vdots \\
X_{i1} + X_{i2} + \cdots + X_{ij} + \cdots + X_{i_n} + Y_i - M_i &= X_i \\
&\vdots \\
X_{n1} + X_{n2} + \cdots + X_{nj} + \cdots + X_{nn} + Y_n - M_n &= X_n
\end{aligned}
$$

(7)

이 되며, 이를 식(6)의 투입계수를 이용하여 바꾸어 쓰면 다음과 같다:

$$
\begin{aligned}
a_{11}X_1 + a_{12}X_2 + \cdots + a_{1j}X_j + \cdots + a_{1n}X_n + Y_1 - M_1 &= X_1 \\
&\vdots \\
a_{i1}X_1 + a_{i2}X_2 + \cdots + a_{ij}X_j + \cdots + a_{i_n}X_n + Y_i - M_i &= X_i \\
a_{n1}X_1 + a_{n2}X_2 + \cdots + a_{nj}X_j + \cdots + a_{nn}X_n + Y_n - M_n &= X_n
\end{aligned}
$$

(8)

위의 방정식을 행렬로 표시하면 다음과 같다.

$$\begin{bmatrix} a_{11} & a_{12} & \cdots & a_{1j} & \cdots & a_{1n} \\ \vdots & \vdots & & \vdots & & \vdots \\ a_{i1} & a_{i2} & \cdots & a_{ij} & \cdots & a_{i_n} \\ \vdots & \vdots & & \vdots & & \vdots \\ a_{n1} & a_{n2} & \cdots & a_{nj} & \cdots & a_{nn} \end{bmatrix} \begin{bmatrix} X_1 \\ \vdots \\ X_i \\ \vdots \\ X_n \end{bmatrix} + \begin{bmatrix} Y_1 \\ \vdots \\ Y_i \\ \vdots \\ Y_n \end{bmatrix} - \begin{bmatrix} M_1 \\ \vdots \\ M_i \\ \vdots \\ M_n \end{bmatrix} = \begin{bmatrix} X_1 \\ \vdots \\ X_i \\ \vdots \\ X_n \end{bmatrix} \qquad (9)$$

이를 다시 행렬기호로 간단히 표시해 보면 다음과 같다:

$$AX + Y - M = X \qquad (10)$$

여기서

$$A = \begin{bmatrix} a_{11} & a_{12} & \cdots & a_{1j} & \cdots & a_{1n} \\ \vdots & \vdots & & \vdots & & \vdots \\ a_{i1} & a_{i2} & \cdots & a_{ij} & \cdots & a_{i_n} \\ \vdots & \vdots & & \vdots & & \vdots \\ a_{n1} & a_{n2} & \cdots & a_{nj} & \cdots & a_{nn} \end{bmatrix}, \quad X = \begin{bmatrix} X_1 \\ \vdots \\ X_i \\ \vdots \\ X_n \end{bmatrix}, \quad Y = \begin{bmatrix} Y_1 \\ \vdots \\ Y_i \\ \vdots \\ Y_n \end{bmatrix}, \quad M = \begin{bmatrix} M_1 \\ \vdots \\ M_i \\ \vdots \\ M_n \end{bmatrix} \qquad (11)$$

위의 식을 전개하여 X에 대해서 풀면 다음과 같다.

$$X = (I - A)^{-1}(Y - M) \qquad (12)$$

여기서 I＝항등행렬(주 대각요소는 1, 그 밖의 요소는 0)이다.

또한 위의 식을 수입이 배제된 국산거래표로 표시하면 다음과 같다.

$$X = (I - A^{d})^{-1} Y^{d} \qquad (13)$$

여기서 A^d=국산투입계수 행렬, Y^d=국산품에 대한 최종수요 벡터, X=총산출액벡터, $(I-A^d)^{-1}Y$=가계부문이 포함된 생산유발계수 행렬이다.

이때 역행렬$(I-A^d)^{-1}$을 생산유발계수행렬이라고 하며, 이는 최종수요 1단위가 발생할 때 경제 전반에 걸쳐 파급되는 직·간접 생산효과를 나타낸다. 여기서 생산유발계수행렬의 각 열의 합계를 생산승수라고 하며, 생산유발계수행렬은 다른 승수(소득, 부가가치, 세입, 고용승수 등)를 도출하는 데 기본이 되는 행렬이다. 또한 직·간접효과뿐만 아니라 유발효과까지를 포함한 생산유발계수를 도출하기 위해서는 가계부문인 피용자보수(부가가치의 한 부분)와 민간소비지출(최종수요의 한 부분)부문을 하나의 산업부문으로서 내생부문에 포함시켜야 한다.

여기서 가계부문인 피용자보수의 합계와 이에 대응하는 민간소비지출의 합계는 동일해야 하며, 현재 한국은행에서 발간되는 산업연관표에는 이 두 부문의 합계가 일치하지 않으므로(꼭 일치해야 한다는 원칙은 없음) 부가가치부문과 최종수요부문을 조정하여 위의 가계부문을 일치시켜야 한다.(Miernyk, 1965) 그리고 외래관광수입으로 인한 우리나라 경제 전반에 걸쳐 발생시킨 총생산파급액은 다음의 식에 의하여 구할 수 있다.

$$X=(I-A^d)^{-1}Y^t \qquad (14)$$

여기서 Y^t=최종수요로서의 외래관광수입이다.

3) 부문별 구성항목에 대한 설명

가. 최종수요 구성항목

최종수요 구성항목은 외생부문 중 최종수요부문은 민간소비지출, 정부소비지출, 민간고정자본형성, 정부고정자본형성, 재고증가, 수출의 6개 항목으로 구성되어 있으며, 수입은 공제항목으로 설정되어 있다. 이들 각 항목을 설명하면 다음과 같다.(한국은행, 2001)

① **민간소비지출**: 민간소비지출은 소비주체인 가계 및 가계에 봉사하는 민간 비영리단체의 재화 및 서비스에 대한 최종소비 지출액을 말한다.

② **정부소비지출**: 정부소비지출은 일반정부활동(공공행정 및 국방, 교육 및 연구, 의료 및 보건, 사회복지사업, 위생서비스, 문화서비스 등 공익서비스 활동)에 필요한 재화 및 서비스에 대한 경상지출을 말한다.

③ **민간고정자본형성 및 정부고정자본형성**: 기업과 민간비영리단체 그리고 일반정부가 건물, 기계장치 등의 유형고정자산을 취득하기 위한 비용을 국내 총고정자본형성으로 보고 지출의 주체에 따라 민간고정자본형성과 정부고정 자본형성으로 구분한다.

④ **재고증가**: 어느 특정 시점에서 각 산업부문이 생산과 판매를 위하여 보유하고 있는 원재료, 연료, 반제품, 재고품 및 완제품을 재고라 하는데, 두 시점 사이에 발생한 재고량의 변동, 즉 기말재고와

기초재고의 차이를 재고증가라 한다.

⑤ **수출입**: 외국으로의 재화나 서비스의 수출 그리고 외국으로부터의 재화나 서비스의 수입을 말한다(단 임금, 이자 등의 요소소득거래, 외국환 주식 등의 금융거래 그리고 해외교포송금 등의 이전거래 등은 제외된다).

나. 부가가치 구성항목

부가가치 구성항목은 외생부문 중 부가가치는 피용자보수, 영업잉여, 고정자본소모 및 순간접세로 구성되며 그 내용은 다음과 같다.(한국은행, 2001)

① **피용자보수**: 이는 상용(常傭)이나 임시고용, 내국인이나 외국인에 관계없이 피용자가 국내의 생산 활동에 종사한 대가로 받는 임금을 말한다(여기에는 현금급여뿐 아니라 현물급여도 모두 포함됨).

② **영업잉여**: 이는 부가가치 총액에서 피용자보수, 고정자본소모, 순간접세를 공제한 것으로 각 산업부문의 기업잉여, 순지급이자, 토지에 대한 순지급임대료 등으로 구성된다.

③ **고정자본소모**: 이는 생산과정에서 소모된 고정자본을 대체하기 위하여 총산출액 중 일부를 충당금으로 비축해 놓은 것을 말한다.

④ **순간접세**: [간접세 - 보조금]으로 여기서 간접세는 재화와 서비스의 매매 또는 사용에 대한 세금으로, 부가가치세, 비례간접세 및 기타

간접세를 말하며, 보조금은 정부가 수출 진흥, 가격보조, 적자보전, 생산 장려 등을 목적으로 무상으로 생산자에게 지급하는 각종 지출금을 말한다.

4) 수요와 투입의 의미

① **중간수요와 최종수요**: 중간수요란 산업부문에서 생산 활동의 중간재로 사용하기 위한 재화나 서비스에 대한 수요를 말한다. 반면 최종수요란 가계에서 소비재로, 기업에서 자본재로 사용하거나 외국으로 수출하는 것을 말한다. 가령, 밀가루를 가정에 판매했을 경우에는 최종수요가 되는 반면, 제과·제빵 공장의 원료로 판매했을 경우에는 중간수요가 된다.(한국은행, 2001)

② **중간투입과 부가가치**: 상품이나 서비스를 생산하기 위해서는 여러 가지 생산요소가 필요한데, 이때 각 산업부문에서 생산한 생산물을 원료로서 구입하여 사용하는 것을 중간투입이라 한다. 반면에 노동, 토지 등 본원적 생산요소를 구입하고 그 대가로 임금, 지대 등을 지급하는 것을 부가가치라고 한다. 즉 부가가치는 생산 활동에 의하여 창출되는 가치로 이는 생산 활동에 참여한 대가로 생산요소 제공자가 받는 소득이 되는 것이다.[5]

5) 주요 측정지표

① **생산유발승수**: 소비, 투자, 수출 등 최종수요가 1단위 증가할 때 이

---

5) 산업연관표는 국내에서의 생산 활동을 대상으로 하므로 생산요소의 국제간 이동에서 발생하는 해외요소소득의 지급이나 수취는 기록에서 제외된다.

를 충족시키기 위해 각 산업부문에서 유발되는 직·간접 생산파급
효과를 나타내는 것으로 수학적인 방법인 역행렬을 이용해 구한다
하여 역행렬계수라 하기도 한다.

② **소득유발승수**: 한 산업부문에 대한 최종수요가 1단위 발생할 경우
국가 또는 지역경제 전반에 걸쳐 나타나는 직·간접 소득유발효과
를 의미한다. 소득유발승수는 소득계수와 생산유발계수를 곱하여
구할 수 있다.

③ **고용유발승수**: 한 산업부문에 대한 최종수요가 1단위 발생할 경우
국가 또는 지역경제 전반에 걸쳐 직·간접적으로 유발되는 고용효
과를 나타낸다. 고용유발승수는 고용계수와 생산유발계수를 곱하여
구할 수 있는데, 고용계수는 일정기간 동안 생산 활동에 투입된 노
동량을 총산출액으로 나눈 계수로 한 단위의 생산에 직접 소요된
노동량을 의미한다.

④ **부가가치유발승수**: 한 산업부문에 대한 최종수요가 1단위 발생할
경우 국민경제 전반에 걸쳐 직·간접적으로 유발되는 부가가치효
과를 의미한다. 최종수 요의 발생에 따라 각 산업부문에서 유발되
는 부가가치액을 계산하려면 부가가치계수 합계의 대각행렬에 생
산유발액을 곱하면 된다.

⑤ **간접세유발승수**: 한 산업부문에 대한 최종수요가 1단위 발생할 경
우 국가 또는 지역경제 전반에 걸쳐 직·간접적으로 유발되는 간접
세효과를 의미한다. 간접세유발승수는 간접세계수와 생산유발계수
를 곱하여 구할 수 있다.

⑥ **수입**(import)**유발승수**: 한 산업부문에 대한 최종수요가 1단위 발생할 경우 국민경제 전반에 걸쳐 직·간접적으로 유발되는 수입효과를 의미한다. 수입유발 승수는 수입투입계수와 생산유발계수를 곱하여 구할 수 있다.

⑦ **영향력계수**: 어떤 산업 재화에 대한 최종수요 한 단위의 변화가 경제 전체에 미치는 영향을 전 산업 평균과 비교하여 나타내는 계수로 산업의 후방연쇄 효과(backward linkage effect)의 상대적 영향 정도를 나타낸다. 이러한 영향력계수는 승수행렬에서 해당 산업의 열의 합을 전 산업의 평균 열의 값으로 나누어 계산한다. 계수가 '1'보다 큰 산업은 최종수요가 경제 전체에 미치는 영향이 다른 산업에 비해 상대적으로 큼을 의미하며, 반대로 계수가 '1'보다 작은 산업은 다른 산업에 비해 상대적으로 작음을 의미한다.

⑧ **감응도계수**: 모든 산업 제품에 대한 최종수요가 각각 한 단위씩 변할 때 어떤 산업이 받는 영향을 전 산업 평균과 비교하여 측정하는 계수로 산업의 전방연쇄효과(forward linkage effect)의 상대적 영향 정도를 나타낸다. 감응도계수는 승수행렬에서 해당 산업의 행의 합을 전 산업행의 평균값으로 나누어 계산한다. 계수가 '1'보다 큰 산업은 다른 산업 제품들의 최종수요가 1단위씩 증가하였을 때 그 산업의 생산이 1단위 이상으로 증가하는 산업이며, 계수가 '1'보다 작은 산업은 생산이 1단위보다 작게 증가하는 산업이다.

4. 산업연관표의 유형

산업연관표는 거래액의 평가방법이나 수입액의 취급방법에 따라 여러 가지 형태로 작성될 수 있다. 가령, 거래액을 중간유통마진이 포함된 가격으로 평가하느냐 또는 제외된 가격으로 평가하느냐에 따라 구매자가격평가표와 생산자가격평가표로 나뉘고, 수입거래액과 국산거래액을 합하느냐 또는 분리하느냐에 따라 경쟁수입형표와 비경쟁수입형표로 나눌 수 있으며, 구체적인 설명은 다음과 같다.(한국은행, 2001)

1) 구매자가격평가표 대생산자가격평가표

산업연관표를 작성할 때 산업부문 간 거래를 물량단위로 기록하면 비교적 간편하다. 그러나 수많은 상품과 서비스를 하나의 통일된 물량단위로 기록한다는 것은 현실적으로 불가능하므로 산업연관표는 금액단위로 작성된다. 따라서 금액단위로 산업부문 간 거래를 기록할 때 어느 거래단계를 기준으로 할 것인가 하는 문제점이 발생한다. 가령, 쌀이 생산자에서 소비자로 판매되는 과정에서 화물운임이나 상업마진 등의 유통마진이 발생하여 생산자의 출하가격과 소비자의 구입가격 간에 유통마진만큼의 차이가 나게 된다. 여기서 유통마진이 포함되지 않은 가격, 즉 생산자의 출하가격으로 모든 거래를 평가하여 작성한 표를 생산자가격평가표라고 한다. 반면에 유통마진을 포함한 가격, 즉 구매자의 구입시점에서의 가격인 구매자가격으로 평가하여 작성한 표를 구매자가격평가표라고 한다.

2) 경쟁수입형표와 비경쟁수입형표

국제간 교역이 이루어지고 있는 현 개방경제 체제하에서 수입을 어떻게 취급하느냐에 따라 산업연관표가 달라진다. 상품이나 서비스가 같은 종류이면 국산품인지 또는 수입품인지를 구분하지 않고 일괄 배분하여 작성하는 표를 경쟁수입형표라고 한다. 반면에 동종의 상품이나 서비스일지라도 국산품과 수입품을 구분하여 작성한 표를 비경쟁수입형표라고 하는데 여기에는 국산품만의 배분을 기록한 국산거래표와 수입품만의 배분을 기록한 수입거래표를 각각 작성하게 된다. 가령, 국산농산물과 수입농산물을 구분하지 않고 배분한 경우를 경쟁수입형표, 이를 각각 구분하여 배분한 경우를 비경쟁수입형이라고 한다. 경쟁수입형표에서는 최종수요의 변동에 따른 생산파급효과 중 수입으로 인한 누출부분인 수입유발효과를 분석하기가 어렵다. 반면에 비경쟁수입형표에서는 각 산업부문별 수입품의 투입구조가 파악되므로 수입유발효과의 측정이 용이하다. 따라서 비경쟁수입형표를 활용하면 최종수요의 변동에 따른 생산파급효과를 국내생산파급효과와 수입유발효과로 나누어 분석할 수 있다.

5. 산업연관모델의 장점 및 한계

1) 산업연관모델의 장점

산업연관분석은 다음과 같은 장점을 갖고 있다.(강광하, 1985)
첫째, 국민경제 전체를 포괄하면서 전체와 부분을 유기적으로 결합하고 있으며, 재화의 산업 간 순환을 포함하고 있기 때문에 구체적인 경제구조를 분석하는 데 유용하다. 둘째, 거시, 미시분석이 모두 가능하기 때문에, 소비, 투자, 수출 등의 변화에 따른 부문별 생산, 고용, 수입 등에 대한 분석을 통하여 경제계획의 수립 및 예측 또는 산업구조정책의 방향 설정 등에 유익한 자료를 제공한다. 셋째, 소비, 투자, 수출 등 최종수요의 변동이 각 부문의 생산 및 수입에 미치는 파급효과를 투입계수를 이용하여 분석할 수 있기 때문에, 경제정책 실시에 따른 생산, 고용, 수입, 물가 등에 미친 파급효과 측정에 유리하다. 넷째, 임금, 이윤 등 부가가치 변동에 따른 산업부문별 가격파급효과 역시 투입계수를 이용하여 분석할 수 있으므로, 특정 상품의 가격변동이 물가 및 생산에 미치는 파급효과 측정에 타 분석수단에 비해 훨씬 좋은 성과를 나타내고 있다.

2) 산업연관모델의 가정 및 한계

산업연관모델은 다른 모형과 마찬가지로 몇 가지의 가정을 전제로 출발하며 이러한 가정들은 각각의 한계점을 안고 있는데, 아래와 같다.(김사헌, 2001)

첫째, 산업연관모형은 적게 생산하든 많이 생산하든 추가생산에도 동일한 비용의 생산요소가 투입된다고 가정하고 있는데, 이는 규모의 경제를 무시하고 있으며, 기술 진보나 수입비율, 요소가격의 등락 등에 따라 생산요소 투입비율이 변할 수 있다는 개연성을 도외시하고 있다는 점에서 한계점을 갖고 있다.

둘째, 산업연관분석에 있어 생산요소의 투입비율이 불변이라고 가정하고 있는데, 이는 새로운 기술의 도입이나 특정 요소가격의 변화에 따라 생산자는 생산요소의 투입비율을 적절히 조절하여 이윤의 극대화를 꾀하고자 하는 데 반해 산업연관분석은 그러한 가능성을 배제하고 있다는 한계점을 갖고 있다.

셋째, 산업연관분석에 있어 모든 산업은 유사상품이 아닌 동질의 단일 상품만 생산한다고 가정하고 있는데, 이는 외래관광객의 경우 숙박, 음식, 쇼핑 등의 수요욕구는 그 서비스나 가격, 이윤 폭에 있어 현지 주민과 다르며, 심지어 내국인 관광자의 그것도 현지 주민과 다르다는 점에서 한계점을 갖고 있다.

넷째, 산업연관모델에 있어 각 산업은 모든 자원이 불완전 고용상태에 있어 서로가 전후방 산업에 수급상 아무런 제약이 없이 필요한 만큼 생산을 계속할 수 있다고 가정하고 있다. 그러나 이는 수입증가, 물가상승, 관광자의 지출구조의 급변 등이 발생하고 있는 지역에 있어서는 호텔, 여행사, 소매상 등은 수습상의 애로사항이 많이 발생하고 있다는 점에서 한계점을 갖고 있다.

마지막으로 관광산업을 산업연관표상에서 독립된 산업으로서 분류하는 데 여러 문제점을 갖고 있다. 관광산업의 경우 일반산업과 겹치는 부분이 많은 복합적 성격의 산업이라는 점에서 관광관련 산업들을 세분화하고 분류해 내는 점에서 많은 어려움을 갖고 있다. 최근 일부 학자들이 관광산업의 분리방안을 논의한 바 있지만 이 문제는 아직 우리 관광 분야에 있어 과제로 남아 있는 것이 사실이다.

제3절 지역산업연관모형

1. 이론적 배경

지역산업연관모형은 전국에 대한 산업 간 연관관계를 파악 분석하는 국가 전체의 산업연관모형과는 본질적으로 같은 것이다. 그러나 산업연관모형기법을 지역단위에 적용시켜 지역경제 분석을 하는 측면에서 전국산업연관모형이 광의의 의미를 가진다면 지역산업연관모형은 협의의 의미를 가진다고 할 수 있다.

즉 지역별로 나타나는 산업 간의 차이점을 파악할 수 없는 전국산업연관모형과는 달리 지역산업연관모형이 갖는 특징은 지역 간 서로 다른 생산구조나 교역 상태를 반영하여 지역 내·지역 간 및 산업 간 상호 의존관계를 분석함으로써 국가적 차원의 산업연관표에서 파악하지 못하는 점을 보완해 준다는 이점을 갖고 있다.

또한 전국산업연관표는 대체로 정부기관의 실제 조사에 의해 작성 발표되고 있는 데 반해 지역산업연관표는 연구 및 분석 목적에 따라 지역과 산업의 구분이 달라질 수 있는데, 실제 조사를 통해 지역산업연관표를 작성하는 데는 막대한 비용과 시간이 소요되므로 일반적으로 간접적인 방법을 이용하고 있다.(김규호·김사헌, 1998)

지역산업연관표는 연구대상 지역의 선정에 따라 지역 내 산업연관표와 지역 간 산업연관표로 나누어진다. 지역 내·지역 간 산업연관모형은 지역 간 산업연관표가 지역 내 산업연관표로 결합되는 과정에서 작성될 수 있으며, 이러한 표는 지역산업연관표를 만드는 데 필요한 자료 부족에 따른 제약을 완화하기 위해 유도된 것이다.(김호언, 1986)

2. 지역산업연관표의 구조

지역산업연관표를 작성하기 위해서 해당 지역의 모든 산업 간 연관관계를 수량적으로 파악하여 해당 지역의 경제적 효과분석을 시행하여야 하는데, 여기에서 중요한 것은 타 경제권과의 거래인 수입을 어떻게 취급하느냐 하는 것이다.

즉 지역 내·외에서 발생하는 총거래에서 지역 외 구매는 해당 지역 거래의 상호 의존관계에 포함되지 않는다는 점에서 해당 지역경제만의 산업구조적 상호 의존관계를 보기 위해서 수입은 제외되어야 한다. 따라서 지역산업연관표를 작성하기 위해서는 한 나라 국민경제 내에서 지역경제는 개방경제를 가지며 이는 지역산업연관표에서 해당 지역과 타 지역 간의 생산물거래를 나타내는 이출항목과 이입항목으로 나누어지는 기본적인 구조를 갖추어야 한다.

일반적으로 이출은 해당 지역이 자신의 생산물을 타 지역으로 판매하는 것을 의미하며 최종수요부문의 한 항목을 구성한다. 반면 이입은 타 지역으로부터 해당 지역이 생산물을 구입하는 것을 말하며 이 이입은 분석모형에 따라 행의 한 항목으로 놓을 수도 있고 열의 한 항목으로 놓을 수도 있다. 이입항목을 행의 한 항목으로 놓는 경우에는 지역에서 거래되는 생산물의 총액 가운데 타 지역 생산물의 크기를 공제함으로써 지역 자체 생산물의 거래규모를 파악하게 된다. 반면 이입항목을 열의 한 항목으로 놓는 경우에는 지역 내 생산의 중간투입 가운데 타 지역으로부터 이입하여 투입한 만큼 제외시킴으로써 해당 지역의 자체 생산물의 중간투입과 이입을 분리하여 다루는 것이다. 이 경우 총투입액에는 포함되지만 지역산업연관표상의 중간투입액에는 포함되지 않는다.(이종철, 1991)

<〈그림 2-7〉 지역산업연관모형 체계

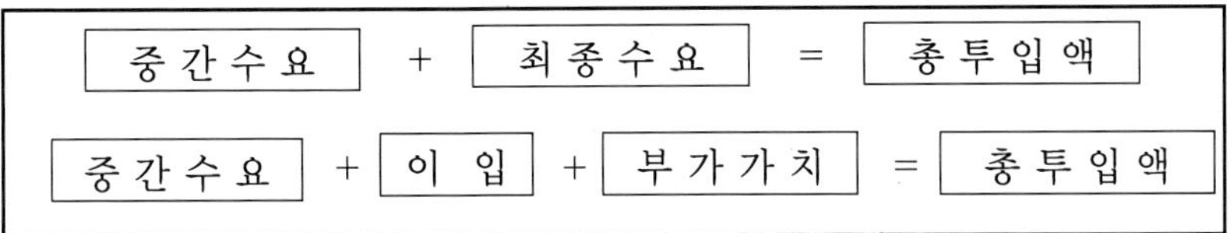

자료: 경기개발연구원(2004), 「경기도 지역산업연관분석과 모형개발에 관한 연구」,
　　　p.33에서 인용

　　지역 내 산업연관표의 산업분류는 전국산업연관표의 산업분류에 따라 작성된다. 전국산업연관표를 이용하는 데 있어 산업부문 간 중간재 거래를 기록하는 내생부문이 중심적 역할을 하므로 산업부문을 어떻게 분류하느냐 하는 것이 매우 중요하다. 기본적으로 산업연관분석은 각 산업부문의 통일구조가 안정적이라는 가정에서 출발하며, 이러한 가정이 유지될 수 있도록 산업부문을 분류하여야 한다.

　　실제 산업연관표 작성에 있어서 몇 가지 원칙에 따라 재화 및 서비스를 적절한 수의 기본부문으로 통합하여 부분분류를 하게 되는데 다음과 같은 사항들을 고려한다.(경기개발연구원, 2004)

　　첫째, 투입구조 및 배분구조가 유사한 품목들은 동일한 부문으로 분류한다.

　　둘째, 각 품목별 총산출액, 투입구조, 배분구조 등을 조사할 때 기초통계자료 이용의 용이 여부 및 각종 여타 통계와의 비교가능성 등을 고려하여 분류한다.

　　셋째, 과거에 작성된 산업연관표와의 비교 및 국제비교의 가능성 여부에 따라 분류한다.

 따라서 한국은행이 작성하는 전국산업연관표는 기본산업을 404개 부문으로 분류하였다. 또한 404개 부문의 산업을 생산재화의 동질성, 산업방법의 유사성 등을 기준으로 하여 다시 168개 부문, 77부문, 28부문 등으로 통합한 산업연관표를 2000년에 발표하였다.

 또한 지역산업연관표는 전국산업연관표에 의거하여 작성하되 물량단위가 아닌 금액단위에 의한 표이기 때문에 가격평가방법을 고려하여 작성돼야 한다. 산업연관표 작성에 있어 거래액의 가격평가방법에는 크게 구매자가격과 생산자가격, 통일가격과 실제가격, 실제기본가격과 근사기본가격으로 구분하는 방법이 있다. 이 중에서 경제적 파급효과를 정확히 측정하기 위해서는 유통마진뿐만 아니라 상품거래에 부과되는 상품세까지 차감한 기본가격으로 거래액을 평가하는 것이 보다 합리적이라는 점에서 기본가격에 의한 평가가 보다 바람직하지만 2000년 지역산업연관표에서는 자료 제약 때문에 실제가격에 의한 생산자가격평가표를 고려하도록 한다.

3. 지역산업연관표 작성방법

 지역산업연관표 작성을 위하여 선행돼야 하는 것이 지역투입계수를 산출하는 것이다. 지역투입계수는 생산기술의 변화, 생산물 구성의 변화, 부문별 상대가격의 변화, 투입물의 대체, 신제품의 출현, 생산물의 변화 등의 요인에 의해 영향을 받기 때문에 이들 변동요인들을 고려하여 기존의 투입계수로부터 수정·연장·추정하여야 한다.

 지역투입계수를 추정하는 방법에는 크게 직접조사법, 부분조사법 그리고 비조사법이 있다. 직접조사법의 경우에는 직접적으로 지역의 투입산출구조를 조사 파악하는 방법으로서, 정확도가 높다는 장점이 있지만, 직접조사에 따른 많은 시간과 예산이 소요된다는 단점이 있다. 부분조사법의 경우에는 실제조사법과 비조사법인 간접조사법을 절충한 형태로서, 행별도조사법, 이출조사법, 영역계획기법, 혼합접근법과 타 지역 이용방법 등이 있다.

비조사법은 전국산업연관표와 지역생산액 자료 등을 토대로 지역투입계수를 도출하여 지역산업연관표를 작성하는 방법으로서, 전국투입계수를 직접 사용하는 방법과 전국투입계수를 수정하여 사용하는 방법이 있으며, 시간과 예산이 비교적 적게 든다는 장점이 있다. 그러나 비조사법에 의한 지역산업연관표 작성방법 중 전국투입계수를 직접 사용하는 방법은 국가경제와 지역경제 사이에 존재하는 산업구조, 생산물의 혼합정도 및 생산함수 등의 차이로 인하여 전국과 지역의 기술구조가 같다는 가정이 현실성이 약하다는 점에서 전국투입계수를 수정 없이 지역투입계수로 사용하는 데는 많은 한계점이 있다. 이러한 이유 때문에 지역산업연관표를 작성하는 연구에서는 전국투입계수를 수정 적용하는 비조사법 - 입지계수법, 지역가중치에 의한 수정방법, RAS법, 수요 - 공급혼합법 등이 있다.

1) 입지상계수법(LQ: Location Quotient Approach)

입지상계수법은 국가경제에 대한 지역경제의 상대적 중요도 계수를 도출하고, 이 계수를 전국산업연관표의 투입계수에 반영하여 지역투입계수를 추정하는 방법이다. 또한 지역산업의 투입구조가 전국의 투입구조와 동일하다고 가정하고 지역 내 산업 간의 투입구조를 파악하기 위하여 전국의 산업 간 투입구조에서 지역 내로의 이입분만큼을 차감하여 지역투입계수를 작성하는 방법이다.

2) 지역가중치에 의한 수정방법

국가경제와 지역경제 간의 산업구조와 생산함수의 차이에 따른 문제점을 해결하기 위해서는 매우 세분화된 전국투입계수를 사용해야 하며, 전국과 지역의 산업구조의 차이는 지역산업의 특성을 잘 나타내 주는 경제변수를 가중치로 하여 조정함으로써 해결될 수 있다. 이러한 가중치에는 세분된 산업부문별 생산액 또는 부가가치 등이 이용될 수 있으며, 실제 해당지역에 있어서 세분류된 생산액, 부가가치 등의 자료 수집이 불가능한 경우에는 세분류된 고용 자료를 이용할 수 있다.

이러한 가중치에 의한 추계방법은 산업부문의 생산혼합물의 지역 간 차이를 반영하므로 입지계수법에 비해서 지역산업구조를 좀 더 정확히 반영할 수 있고, 추정된 계수의 오차도 일부 산업부문을 제외하고 별로 심하지 않는 것으로 나타나고 있으나, 이 방법을 활용하기 위해서는 산업부문이 세분류된 전국투입계수표와 지역생산액 자료가 요구된다.

3) 양비례조정법(RAS법)

RAS(Biproportional Adjustment Method)법은 전국투입계수를 반복적으로 조정하여 지역투입계수를 유도해 내는 방법으로서 일명 양비례조정법이라 한다. 이 방법은 시계열적으로 장래의 투입계수를 추정하기 위하여 개발된 기법으로서 R. A. Stone에 의해 체계적으로 개발되어 제시됐다. 장래의 투입계수를 추계하기 위하여 개발된 가장 보편화된 산업연관표 연장모형이며, 전국투입계수를 지역투입계수로 변환시키는 경우에도 적용되고 있다.(경기개발연구원, 2004)

4) 수요-공급혼합법(demand-supply pool method)

수요-공급혼합법은 Isard의 지역상품균형접근법을 기초로 개발된 방법으로 지역의 i부문 생산액(X_i)과 지역의 i부문 생산요구액(X_i)이 같다는 지역상품균형에 그 기초를 두고 있다.(김호언, 1986)

즉 각 산업의 지역총생산액에서 지역총요구액을 차감하여 지역상품의 과잉 또는 과소분을 추정하고, 이를 이용하여 지역투입계수를 추계하는 방법이다.(윤영선·안정화, 1993) 수요-공급혼합법은 공급측면의 지역총생산에다 수요측면인 지역총수요액을 균형시키는 방법으로 공급이 수요보다 클 때에는 그 차이를 이출로 하고 반대로 공급이 작을 때에는 그 차이를 경쟁이입으로 처리하는 방법이다.(경기개발연구원, 2004)

제4절 경제적 파급효과에 대한 선행연구 검토

1. 산업연관모형에 의한 관광의 경제적 효과분석

1) 산업연관분석에 관한 선행연구 검토

산업연관분석은 1758년 케네(F. Quesnay)가 경제주체 간의 거래관계를 체계적으로 기록하고자 했던 「경제표(Tableau Economique)」에서 그 기원을 찾을 수 있다. 이러한 경제의 상호 관련성에 관한 연구가 본격적으로 계승된 것이 하버드대학의 레온티에프(Wassily Leontief) 교수가 경제의 상호 관련에 기초를 둔 생산의 일반이론을 개발한 시점이라고 볼 수 있다. 레온티에프는 1936년 *Review of Economics and Statistics* 지에 「미국의 경제체계의 수량적 투입·산출 관계」라는 논문을 발표한 것을 시초로, 1941년의 「1919~1929년간의 미국경제의 구조」, 1951년의 「1919~1939년간의 미국경제의 구조」 등의 출판을 통하여 경제 분석에 있어 획기적 시도를 하였는데, 그것이 바로 오늘날 '산업연관분석'이라고 불리는 분석기법에 관한 본격적인 연구의 효시가 되었다.(강광하, 2000)

이후 산업연관표 모형을 이용하여 성장 및 산업구조변화를 분석한 학자는 H. B. Chenery(1960), Chenery-Shishido-Watanabe(1962), A. Carter(1970), R. Steglin & H. Wessels(1972), M. Syrquin(1976), B. Balassa(1976), Y. Kubo(1977), O. Forssell(1985), R. Maruya(1986), D. P. Pal(1986) 등이며, 이들은 모두 기술 투입이 다른 산업의 활동에 미치는 영향까지도 거시경제적인 차원에서 연구를 수행해 왔다.(김동진, 1994)

주로 경제 예측, 산업구조 및 성장요인 분석, 산업 간 파급효과 등에 대한 산업연관분석이 적용되어 오고 있으며, 산업연관분석이 소개되었을 당시에는 대부분의 연구가 국민경제 전체에 대한 것이었으나, 차츰 개별 산업에 대한 연구가 증가하기 시작하였다. 특히 최근에는 서비스 산업의 비중과 중요성이 커지면서 이에 대한 산업연관분석이 늘어나고 있다. 국내에서 연구가 많이 이루어지는 서비스 산업 분야로는 관광산업(김남조, 1998; 이충기, 1999; 류광훈, 2000 등), 우편산업(남찬기·최중범 외, 2000 등), 정보통신산업(임명환, 1990; 임명환, 1994; 홍동표·박성진, 1997; 임광선·안희배 등, 1997; 홍동표·정시연, 1998; 홍동표·김용규 외, 1999; 이재기, 2000 등), 미디어산업(한국방송개발원, 1995; 권호영·조진영, 1997; 박천일·신홍균 외, 1999) 등이 대표적이다. 이 밖에도 다양한 개별 산업 분야에서 산업연관분석이 이루어지고 있다.(김봉철, 2001)

2) 산업연관분석에 관한 관광관련 선행연구 검토

산업연관분석을 이용하여 관광산업의 경제적 파급효과를 분석[6]한 대부분의 국내 연구들은 관광산업을 하나의 독립된 산업으로 범주화하고 타 산업들과 생산승수, 소득승수, 부가가치승수, 수입승수, 순간접세승수, 외화가득률, 감응도계수, 영향력계수 등을 상호 비교하여 관광산업의 경제적 파급효과를 분석하고 있다. 각 연구에 따라 다소의 차이는 있으나

---

[6] 관광산업과 관련한 경제효과 분석방법은 크게 3가지로 구분할 수 있다. 즉 i) 산업연관분석(input-output analysis), ii) 경제기반모형(economic base model), iii) 케인즈의 소득지출모형(Keynesian income-expenditure model) 등으로 이들 분석방법의 공통점은 승수효과 분석을 통하여 관광산업이 지역경제에 미치는 파급효과를 분석할 수 있다는 것이다. 주요 차이점은 산업연관분석은 산업 간의 경제효과분석에 초점을 둔 반면에 경제기반모형 및 케인즈의 소득지출모형은 거시계량 모델을 기초로 하고 있다는 점이다.

일반적으로 소득승수, 고용승수, 부가가치승수, 순간접세승수, 외화가득률, 감응도계수 등은 전 산업 평균보다 높게 나타나고 있으며, 수입승수, 영향력계수는 전 산업 평균보다 낮게 나타나고 있다.(이강욱·최승묵, 2003)

관광 분야에 산업연관분석을 처음으로 적용한 것은 Harmston(1960)이 발표한 「서부지역에 있어서 여행자 지출의 간접효과(Indirects of Traveler Expenditure in a Western Community)」라고 할 수 있으며, 이후 Harmston(1969), Strang(1970), Archer(1973), Robert Erbes(1973), Bryden(1973), IUOTO(1975) 등에 의해 확산되었다.(김사헌, 2001) 이후 Heng & Low(1983)는 1983년 산업연관표를 이용하여 싱가포르 관광산업의 경제적 파급효과를 측정하였으며, Khan, Seng and Cheong(1990)은 1983년 산업연관표를 이용하여 싱가포르 관광산업의 경제적 효과를 측정하면서 쇼핑부분을 고가품, 중가품 그리고 저가품의 3가지의 분류하였다. Lee(1992)는 1987년 산업연관표를 이용하여 관광수입에 의한 관광산업의 경제적 효과와 소득분배효과를 분석하였고 주요 수출산업과 비교하였다.(권경상, 1994)

국내에서 산업연관분석을 이용한 최초의 연구는 동경에서 개최되었던 ESCAP(Economic and Social Commission for Asia and Pacific: 아시아·태평양지역 경제사회 이사회) 1983년 제2회 워크숍에서 제시된 송병락·안충영(Song & Ahn, 1983)의 연구를 그 시초로 볼 수 있으며, 이들은 연구에서 관광산업은 수입의존도가 낮으며 다양성(multi-faceted)을 갖고 있어 한국 내의 모든 산업에 매우 다양한 효과를 미치고 있다는 것을 증명하였다.

'80년대 및 '90년대를 거치면서 산업연관분석관련 연구가 지속적으로 발전하였는데, 권경상(1984)은 그의 연구에서 1980년 산업연관표를 이용하여 관광산업의 경제적 효과, 즉 생산, 수입, 외화가득, 자원소비 그리고 취업유발효과를 측정하였으며, 관광산업과 수출산업의 경제적 효과를 비교하였다. 이후, 권경상(1989), 정의선(1990), 김철원(1991), 조현순(1991), Hyun(1992), 조현순·손태환(1992), 교통개발연구원(1992), 한국관광공사(1993), 권경상(1994), Lee & Kwon(1995), 안종윤 외(1995), 이충기·박창규(1996), 김우곤(1997), 손태환(1997), 김남조(1998), 이충기(1999), 이강욱·류광훈(1999) 등에 의해 관광관련 산업 및 산업연관분석에 대한 다양한 동태적 연구들이 활발하게 이루어졌다.

2000년대에 접어들어 산업연관분석을 이용한 연구들은 전국단위의 산업연관분석관련 연구와 지방자치단체들의 활동 강화로 인한 지역단위의 산업연관분석에 대한 연구들이 병행하여 활발하게 진행되고 있다. 또한 관광수요를 창출할 수 있는 문화행사 및 메가 이벤트 개최, 관광단지 개발 등에 따른 전국 단위 및 지역 단위의 경제적 파급효과에 연구들과 산업연관분석 모델을 응용하는 각종의 시범적인 연구들이 활발하게 이루어져 왔다. 대표적인 사례를 살펴보면, 류광훈(2000), 조병훈(2000), 서정헌·손대현(2001), 이충기·정기호(2002), 김성섭·이강욱(2002), 이충기(2003), 김한주(2004)의 연구들이 이루어져 왔다.

최근에는 관광산업의 경제적 파급효과 분석을 위해 산업연관분석을 응용한 연구방법 또는 CGE(Computable General Equilibrium) 등과 같은 새로운 연구방법이 시도되고 있는데(이강욱·최승묵, 2003), 이충기·문석웅(2004)의 연구가 대표적인 사례이다. 그들은 고도성장이나 새로운 산업의 출현으로 인한 생산요소의 투입기술 변화와 생산이나 소비패턴의 변화로 국내재와 수입재의 이용비율 등 구조적 변화를 반영하지 못하는 산업연관분석의 한계점을 극복하기 위하여 월드컵사례를 들어 CGE모델을 이용하여 관광산업의 파급효과를 분석하였다.

2. 지역산업연관모형에 의한 관광의 경제적 효과분석

1) 지역산업연관분석에 관한 선행연구 검토

1930년대에 Kahn(1931)과 Keynes(1933)에 의해 체계화된 승수원리는 초기에는 주로 국가 차원의 경제 분석 방법으로 사용되다가 1950년대에 이르러 지역차원으로 발전되었다. 지역산업연관모형은 Isard(1951)에 의해 처음 소개된 이후로 Leontief(1953), Chenery(1953)와 Moses(1955) 등에 의해 경험적으로 발전해 왔다.

'60년대에 들어서는 직접조사에 의한 지역산업연관분석이 진행되었는데, Washington State를 대상으로 분석한 Bourque et al(1967), West Verginia에 대해 Miernyk et al(1970), Kansas에 대해 Emerson(1969), Philadelphia를 대상으로 Isard, Langford and Romanoff(1966－1968) 등에 의한 분석이 대표적이다.

그러나 직접조사법에 의한 지역산업연관분석은 많은 시간과 비용이 소요되는 관계로 다른 기법을 모색하는 계기가 되었으며, 이 같은 결과로 비조사법에 의한 지역산업연관표를 작성하게 되었다. 비조사법에 의한 작성은 Moore & Petersen(1955)이 지역계수를 유도하기 위해 국가 차원의 투입계수를 조정하면서 시작되었는데, 이 기법은 Schaffer & Chu (1969)을 비롯하여 '60년대 후반부터 많은 연구자들에게 직접조사법에 대한 대안으로 광범위하게 적용되었다.(Richardson, 1985)

'60년대 후반부터 Schaffer & Chu(1969), Czamanski & Malizia(1969) 및 Mirenyk(1969) 등에 의해 시작된 지역투입계수의 정확성 평가에 대한 연구는 그 후 Morrison & Smith(1974), Hewings(1977), Harringan et al.(1980) 등에 의해 진행되었다.(고석남·곽철홍, 1995)

1980년대 이후 최근의 지역산업연관분석과 관련한 연구는 모형의 확장과 응용 분야로 그 범위를 넓히면서, 산업연관분석의 에너지 및 환경 분야 적용 등 그 활용범위의 확대가 두드러졌다. 또한 정태적 분석에 머물러 있던 기존의 연구방법에서 산업연관분석의 동태적 연구도 진행되기 시작하였으나 이들의 작성사례는 소수에 불과하다.(경기개발연구원, 2004)

지역산업연관분석에 대한 국내 선행연구들을 살펴보면, 주로 지역의 산업구조 분석, 특정 산업의 지역경제 파급효과 분석, 지역의 선도산업 발굴 및 육성, 지역 경제정책 수립 등의 목적으로 진행되었다.(이강욱·최승묵, 2003) 국내에서는 1980년대에 접어들어 국토의 균형개발이 국가 정책의 주요 이슈로 부각되면서 지역산업연관분석모형과 관련하여 국토개발원(1986)과 김호언(1986)을 중심으로 지역경제의 상호 의존성 분석과 공공투자효과의 권역별 효과분석 그리고 특정 지역의 투입산출모형에 의한 지역 내 경제구조분석 등에 대한 연구가 이루어졌다. 대표적인 사례로 국토개발원(1986)은 산업기지 개발사업이 지역개발에 미치는 효과에 대하여 입지상계수법과 가중치접근법을 이용하여 분석하였다.

1990년대에 접어들어 지방자치단체들의 활동이 활발하게 진행되면서 하성균·허재완(1990), 이종철(1991), 윤영선·안정화(1993), 고영구(1996) 등과 경남개발연구원(1994), 제주발전연구원(1999) 등의 지역연구 단체를 중심으로 지역경제의 구조적 특성, 성장 전망과 전략산업 파악, 특정 지역에서의 지역경제 파급효과 분석 및 예측에 대한 연구가 이루어졌다. 대표적인 예로 하성균·허재완(1990)은 부산지역 주택투자에 따른 경제적 파급효과에 대하여 입지상계수법을 이용하여 분석하였다.

이후 2000년대에 접어들어 김영표(2000), 김영재·여택동·이춘근(2003), 주수현·이선영(2004) 등과 강원개발연구원(2000), 충북개발연구원(2000), 대전광역시(2001) 등의 지방자치 연구단체를 중심으로 각 지역의 산업

유형의 구분과 분석, 지역정책 수립을 위한 기초자료 도출, 실효성 있는 정책 추진을 위한 과학적이고 체계적인 지역분석모형 개발, 지역경제의 성장엔진으로서 전략산업의 도출 등에 대한 연구가 이루어졌다. 대표적인 예로 김영재·여택동·이춘근(2003)은 입지상계수법을 이용하여 대구지역을 중심으로 한 섬유산업과 성장유망산업 구조에 대하여 분석하였다.

한편 지역산업연관분석의 핵심이라 할 수 있는 지역투입계수 추정방법으로는 입지상계수(SLQ)법, 가중치접근법, 양비례조정법(RAS법), 수요-공급혼합법 등이 주로 적용되고 있으며, 많은 연구에서 입지상계수법을 이용하고 있는 것이 나타나고 있다.

위의 국내 선행연구들을 간략하게 정리해 보면 위 〈표 2-15〉와 같다.

〈표 2-15〉 지역산업연관모형의 국내 선행연구

연구자	분석목적 및 내용	모형작성방법
국토개발원 (1986)	산업기지 개발사업이 지역개발에 미치는 효과 분석	입지상계수법, 가중치접근법
김호언(1986)	대구지역 경제구조의 산업상호 간 의존관계 분석	수요-공급혼합법
하성균·허재완 (1990)	부산지역 주택투자에 따른 경제적 파급효과 분석	입지상계수법
이종철(1991)	청주지역의 시·군단위 지역경제의 실상 파악	수요-공급혼합법
윤영선·안정화 (1993)	수도권과 기타권의 건설투자가 미치는 파급효과와 산업부문별 직간접 생산유발효과 분석	입지상계수법
경남개발연구원 (1994)	경남지역의 경제구조와 산업별 파급효과를 분석하여 성장잠재력이 높은 산업 선정	양비례조정법
고영구(1996)	청주과학산업단지의 지역경제 파급효과 분석·예측	가중치접근법
제주발전연구원 (1999)	제주지역 경제구조 분석 및 제주도 전략산업 도출	가중치접근법, 수요-공급혼합법

연구자	분석목적 및 내용	모형작성방법
강원개발연구원 (2000)	강원도 산업 유형 구분, 산업구조 분석, 지역정책 수립을 위한 기초자료 도출	입지상계수법, 양비례조정법
충북개발연구원 (2000)	적정한 산업정책 수립·추진에 필요한 객관적인 자료 도출을 위한 충북지역 산업구조 분석	가중치접근법
김영표(2000)	경남지역 경제의 특징과 변화방향 분석	양비례조정법
대전광역시 (2001)	실효성 있는 지역계획수립 및 정책추진을 위해 과학적이고 체계적인 지역연관분석모형 개발	가중치접근법
김영재·여택동·이춘근(2003)	대구지역을 중심으로 한 섬유산업과 성장유망산업 구조 분석	입지상계수법
주수현·이선영 (2004)	부산지역 경제구조와 지역경제의 성장엔진으로 기능할 수 있는 전략산업 도출	양비례조정법

2) 지역산업연관분석에 관한 관광관련 선행연구 검토

Isard(1951)의 연구를 시발로 지역단위 경제에 산업연관분석이론을 적용하는 연구가 발전되기 시작한 이후, 관광 분야에 처음으로 적용한 것은 Harmston(1960)이 발표한 논문인데, 이것은 관광산업의 지역경제적 효과분석이라는 점에서 산업연관분석을 지역경제에 적용하는 것과 맥을 같이하고 있다 하겠다.

이후 Clawson과 Knetsch(1966)가 지역차원의 관광승수를 최초로 소개한 이후 Gamble(1965), Archer(1973), Milerd & Fisher(1979) 등이 관광관련 승수에 대한 연구를 수행하였다. 90년대 이후 산업연관분석을 이용한 지역단위의 관광효과분석의 연구는 Johnson & Moore(1993)과 Archer(1995), Deepak et al.(2003)을 비롯하여 많은 연구가 진행되었다.

국내에서는 1980년대에 들어서면서 국민관광수요 증가와 관광지 개발로 인해 관광의 지역경제적 효과 분석에 대한 관심이 고조되면서 김사헌 (1982)은 「관광개발과 지역경제 편익 분석 관광승수개념의 적용을 통하여」라는 논문을 발표하였다. 90년대에 접어들어 단일지역에 대한 관광산업의 지역경제 파급효과에 대한 연구는 김태보(1990), 정준무(1994), 이강욱(1997), 김규호 · 김사헌(1998), 김석중(1999)을 중심으로 연구가 이루어졌다.

김태보(1990)는 제주경제의 구조적 특성과 성장 전망에 대한 연구를 수행하면서 관광산업을 음식 · 숙박업, 여행알선업, 관광객이용시설업, 교통업, 과일 재배, 양봉, 목각 · 석제품 제조 등으로 분류하고 투입계수 수정방법 중 수요 - 공급혼합법을 이용하여 제주도 지역산업연관표를 작성하였다. 반면 정준무(1994)는 제주도 지역산업연관표를 작성함에 있어 관광산업을 도소매, 음식점, 숙박, 운수 · 보관, 오락 및 문화서비스업으로 분류하고 투입계수 수정방법 중 입지상계수법과 수요 - 공급혼합법에 지역 가중치를 적용하여 작성함으로써 기존 연구와의 차별성을 가졌다.

이강욱(1997)은 경주 보문단지와 제주 중문단지를 분석대상으로 투입계수방법 중 입지상계수법을 이용하여 지역산업연관표를 작성함으로써 기존 연구와의 차별성을 두었고, 김규호 · 김사헌(1998)은 경주지역을 중심으로 투입계수 중 입지상계수법을 이용하여 지역산업연관표를 작성하고 관광산업의 경제적 효과분석을 실시하였다. 김석중(1999)은 투입계수 수정방법 중 양비례조정법을 이용하여 지역산업연관표를 작성하고 강원도 지역에 있어 금강산관광의 지역경제 파급효과에 대한 연구를 수행하였다.

2000년대에 접어들어 이강욱 · 최승묵(2003), 이충기(2005)와 경기개발연구원(2004) 등의 지방자치단체 연구기관 그리고 한국관광공사를 중심으로 관광산업 및 관광단지 개발에 따른 지역경제 파급효과에 대한 연구들이 이루어졌다.

이강욱 · 최승묵(2003)은 강원도와 제주도를 연구대상지역으로 투입계수 수정방법 중 입지상계수법을 활용하여 지역산업연관표를 작성하고 관광산업의 경제적 파급효과의 비교분석 및 지역전략산업 선정을 위하여 연구를 하였다.

경기개발원(2004)은 투입계수 수정방법 중 입지상계수법을 이용하여 경기도 지역산업연관표를 작성하고 해당 지역의 산업구조와 특성 분석을 경제적 파급효과를 분석하였다.

이충기(2005)는 「해남화원관광단지 경제적 파급효과 분석」이라는 한국관광공사 보고서에서 전남지역 산업연관표를 작성함에 있어 관광산업을 숙박업, 음식점업, 쇼핑업, 관광교통업, 문화오락서비스업으로 분류하고 입지상계수법을 활용하여 관광승수를 도출하여 해당 관광단지 개발에 대한 지역경제 파급효과를 분석하였다.

최근에는 지역산업연관분석의 한 유형인 다지역산업연관분석(MRIO: Multi-Region Input-Output)을 적용한 연구들이 시도되고 있는데, 한국개발연구원(2000), 조광익 · 임재영(1999, 2001), 최승남 · 김남조(2002)의 연구가 대표적인 사례이다.

한국개발연구원(2000)은 우리나라를 15개 지역으로 구분한 다지역산업연관모형을 구축하여 문화 · 관광 · 체육 · 과학부문 예비타당성 조사의 지역경제 파급효과를 분석하였다. 조광익 · 임재영(1999, 2001)은 두 편의 연구에서 관광투자와 지역성장 간의 관계 규명 및 강원도를 중심으로 기타 지역과의 관광산업의 파급효과 비교를 위해 다지역산업연관분석모형을 활용하였다.

최승남 · 김남조(2002)는 우리나라 9개 지역을 대상으로 다지역산업연관모형을 구축하여 지역 간 · 산업 간 경제적 파급효과를 비교분석함으로써 관광산업에 대한 투자를 어느 지역에 하는 것이 경제적 파급효과를 극대화할 수 있는지에 대하여 판단할 수 있는 근거를 제공하였다.

3. 문화행사 및 메가 이벤트 개최에 따른 경제적 효과분석

재정경제부가 2003년 추진한 지역특화발전특구 접수 결과 전국 189개의 지방자치단체가 총 448건의 사업을 신청한 것으로 나타났다. 이 중 관광부문 신청사업은 전체 신청사업의 29.7%인 133건으로 가장 많은 신청결과를 보였다. 이처럼 관광관련 사업이 지역경제 활성화를 위한 대안으로 자리매김하면서 지방자치단체는 지역발전의 주요 수단으로 관광사업을 개발·추진하고 있다.(이강욱·최승묵, 2003)

지방화시대와 더불어 지방자치단체의 자체적인 문화행사 또는 축제 등이 많은 지역에서 다양한 형태로 개최되고 있다. 이와 같이 문화행사가 다양한 형태로 급속하게 증가하고 있는 것은 지방정부가 사회적 긴장감을 해소하여 지역 주민의 통합을 유도하고 침체된 지역경제 활성화의 계기가 되는 장소마케팅 전략으로 채택하고 있기 때문이다.(Gets, 1997)

또한 정부 및 지방자치단체마다 전국 또는 지역 단위의 대규모 외래방문객 수요의 창출이 가능한 월드컵, 아시안게임, 전시회 또는 영화제 등과 같은 대규모 이벤트나 축제 등의 개최를 통한 국가 또는 지역의 이미지 제고와 지역 활성화를 위하여 적극적으로 나서고 있다. 특히 이러한 대규모 이벤트 및 문화행사 개최에 따른 평가에 있어 경제적 파급효과가 중요한 역할을 하고 있는 것을 많은 연구결과 확인해 주고 있다.(김규호, 2002)

이러한 점은 유럽과 북미에서 관광이 도시 및 지역경제의 활성화 수단으로 재인식되고 지방정부의 공공투자에 대한 정당성과 경기회복책으로서 민자유치를 위한 개발계획의 정당성을 확보하기 위해 그 필요성이 증대됨에 따라 관광의 경제적 효과 측정에 대한 관심이 다시 주목을 받기 시작하였던 것에서도 확인할 수 있다.(Ryan, 1991) 이와 더불어 문화행사에 대한 경제적 효과분석의 결과는 문화행사에 의한 편익을 파악할 수 있을 뿐만 아니라 행사 자체에 대한 운영방법을 개선하는 수단으로도 활용될 수 있다.(Ritchie, 1984)

메가 이벤트 또는 문화행사 개최에 따른 산업연관모형을 이용한 파급효과분석에 대한 연구는 Della et al.(1977), Pyo et al(1988), Long & Perdue(1990), Murphy & Carmichael(1991), Burgan & Mules(1992), Kang & Perdue(1994), Deepak et al.(2003) 등에 의해 지속적으로 수행돼 왔다.

Deepak et al.(2003)은 설문조사를 통해 도출한 지역축제 방문객의 소비지출 규모를 IMPLAN 모형7)에 적용하여 지역축제의 농촌경제 파급효과를 분석하였는데, 연구결과 각종 유발승수는 예상했던 것보다 작은 것으로 나타났으며, 장기간 개최되는 축제는 숙박부문 지출액의 파급효과가 가장 크며, 당일 축제는 식음료부문 지출액의 파급효과가 가장 큰 것으로 분석하였다.

국내에서는 90년대 후반에 접어들면서 각종 지역단위의 문화행사 및 축제 등의 이벤트 개최에 따른 경제적 파급효과에 대한 연구들이 수행돼 왔는데, 이충기(1999), 오순환(1999), 이성근·이춘근(1999), 박상규(1999), 조병훈(2000), 이희재(2000), Lee(2001), 이희찬(2001), 김규호(2002), 정강환·이경희(2002), 김상호(2002), 부산발전연구원(2003), 이충기(2003, 2004), 부천시(2004) 등이 연구를 수행하였다.

---

7) IMPLAN(IMpact analysis for PLANing)은 경제효과를 측정하는 도구로서 미국에서 USDA 산림청(USDA Forest Service)을 위해서 개발하였다. IMPLA은 천연자원의 대체적인 이용의 경제적 효과를 측정하기 위해서 산림청, 토지관리국(Bureau of Land Management0 및 공병대(Army Corps of Engineers) 등 정부기관에 의하여 이용되어 왔다.[자세한 내용은 Johnson & Moore(1993) 참조]

이충기(1999)는 2002월드컵 개최에 따른 외래관광객 및 관광수입을 예측하고 산업연관모형을 이용하여 관광산업이 우리나라 경제에 대하여 미치는 파급효과를 분석하였다. 부천시(2004)는 지역의 대표적인 문화행사인 2004 PiFan 및 PISAF 방문객에 대한 설문조사를 실시하고 문제점과 개선방향을 제시하면서 산업연관분석을 통하여 부천시에 미친 파급효과에 대하여 분석하였다.

위의 국내 선행연구들을 간략하게 정리해 보면 아래 〈표 2-16〉과 같다.

이상의 국가 또는 지역 단위의 산업연관분석에 대한 선행연구들을 요약해 보면 국가경제 또는 지역경제에 미치는 파급효과에 대한 분석방법으로 산업연관모델 또는 지역산업연관모형이 활용되고 있으며, 연구방법에 있어 산업연관모형의 다양한 응용방법에 의한 연구들이 이루어지고 있는 것을 알 수 있다. 또한 연구대상에 있어 국가 또는 지역 단위의 개별 관광산업에 의한 경제적 효과뿐만 아니라 대규모 관광수요를 창출할 수 있는 대규모 이벤트 및 문화행사 그리고 관광개발 등에 의한 지역경제에 대한 파급효과 등에 대한 실증적 연구가 최근에 많이 수행되고 있음을 알 수 있다.

〈표 2-16〉 메가 이벤트 및 문화행사관련 산업연관분석모형의 국내 선행연구

연구자	분석목적 및 내용	모형작성방법
이충기 (1999)	2002월드컵 개최에 따른 외래관광객 및 관광수입을 예측하고 산업연관모델을 이용하여 관광산업이 우리나라 경제에 대한 파급효과 분석	산업연관분석
오순환 (1999)	이천도자기축제의 경제적·운영상 성과를 고찰하고 향후 지역축제의 육성방향 제시	설문조사 및 분석 직접효과 단순분석
이성근·이춘근 (1999)	1998년 경주세계문화엑스포의 경제적 파급효과 및 기대효과 계측을 위해 경북지역산업연관모형 이용	지역산업연관분석 입지상계수법

연구자	분석목적 및 내용	모형작성방법
박상규 (1999)	삼척세계동굴박람회 개최에 따른 지역축제의 의의, 사회적·경제적 파급효과, 전략적 과제 제시를 위해 사례 중심의 SWOT 분석	사례연구 SWOT 분석
조병훈 (2000)	1998년 경주세계문화엑스포의 경제적 효과 분석을 위해 선행연구에 의한 지역산업연관표를 작성하고 파급효과의 수량적 분석	선행연구에 의한 지역산업연관표 작성
이희재 (2000)	안동국제탈춤페스티벌이 안동지역에 미친 경제적 효과 추정을 위하여 입지상계수법을 사용하여 지역 산업연관표를 작성 후 파급효과 분석	지역산업연관분석 입지상계수법
Lee, Choong-Ki (2001)	메가 이벤트로서의 88올림픽의 경제적 파급효과에 대한 재조명	산업연관분석
이희찬 (2001)	2000광주 비엔날레를 사례로 메가 이벤트 개최에 따른 지역경제 효과 추정에 대한 방법 제시	설문조사, 가중치 개발
김규호 (2002)	애드-혹 소득승수 추정을 중심으로 경주지역의 문화 행사 개최에 따른 파급효과에 대한 분석	설문조사 케인즈승수모형
정강환·이경희 (2002)	2001 대전 사이언스 페스티벌의 경제적 파급효과 분석을 위하여 설문조사 및 선행연구에서 제시된 산업연관분석 사용	산업연관분석 선행연구방법
김상호 (2002)	2002 월드컵 개최가 광주시에 미친 경제적 파급효과 분석을 위하여 입지상계수법을 사용하여 광주지역 산업연관표를 작성하고 분석 실시	지역산업연관분석 입지상계수법
부산발전연구원 (2003)	2005 APEC 정상회의 유치에 따른 부산지역에 대한 경제적 파급효과 추정	지역산업연관모델
이충기 (2003)	월드컵관련 외래관광객의 실제 관광지출액의 추정과 그에 따라 파급된 순수 관광산업의 효과 측정	산업연관모델 비율지표 산출
이충기 (2004)	2004 영주인삼축제 방문객에 대한 설문조사 실시 문제점과 개선방향 제시, 산업연관분석을 통하여 영주지역에 미친 파급효과 분석	설문조사 산업연관모델
부천시 (2004)	2004 PiFan 및 PISAF 방문객에 대한 설문조사 실시 문제점과 개선방향 제시, 산업연관분석을 통하여 부천시에 미친 파급효과 분석	설문조사 산업연관모델

제 3 장

연 구 방 법

제1절 산업연관표상 관광산업의 정의와 분류

1. 산업연관표상 관광산업의 정의

산업연관모형을 이용하여 경제적 파급효과를 분석하는 경우 관광산업을 산업연관표상에서 어떻게 분류하고 통합할 것인지가 중요한 관건이다. 왜냐하면 관광산업의 분류 또는 통합방식에 따라 각종 승수의 크기에 영향을 주게 되며(김남조, 1998), 그 결과 관광산업의 총파급효과에도 영향을 미칠 수 있기 때문이다.

외국사례를 살펴보면 관광산업을 대체로 숙박업, 교통업, 음식점업, 도매/소매업(쇼핑업), 유흥 및 레크리에이션업, 기타 서비스업(Ruiz, 1985; Smith, 1988; Heng & Low, 1990; UN 1990; Hurley et al., 1994)으로 분류하고 있다. 국내 선행연구에서는 관광산업을 크게 숙박업, 음식점업, 교통통신업(또는 관광교통업), 문화오락서비스업, 소매업으로 분류하고 있다.(교통개발연구원, 1992: 권경상, 1994: 김규호·김사헌, 1998: 이충기, 1999: 이충기·박창규, 1996: 한국관광공사, 1993: 한국관광연구원, 1997: Lee, 1992, 2001, 2002; Lee & Kwon, 1995, 1997)

물론 교통통신업과 문화오락서비스업을 구성하고 있는 세부 부문에 대해서는 아직도 달리 분류하고 있지만 가장 중요한 부문인 숙박업, 음식점업 그리고 쇼핑업에 대해서는 거의 동일한 방식으로 분류하고 있다. 그러나 관광산업에 대한 분류방식이 국가마다, 연구자마다 다소 차이가 있음을 엿볼 수 있다.

그동안 이러한 분류방식을 개선하려는 노력들이 시도되어 왔다. Smith(1988)는 교통부문 중 화물운송은 관광상품에 포함시키지 말고 승객운송만을 포함시켜야 함을 시사해 주고 있다. 문화관광부·한국관광연구원(2000)에서는 「한국 관광위성계정 개발」에 관한 연구를 통하여 수요측면과 공급측면의 관광비를 산출하였고, 최승묵·김남조(2002)는 이 중에서 수요측면의 관광비를 이용하여 관광산업을 분류하는 데 활용하였다.

그러나 향후에는 최종수요를 토대로 수요측면 관광비와 부가가치를 토대로 공급측면의 관광비를 고려하여 산업연관표상 관광산업을 새로이 분류시키는 연구가 필요하다고 생각한다.

2. 산업연관표상 관광산업의 분류

부산국제영화제 개최에 따른 부산지역 관광산업의 경제적 파급효과를 측정하기 위하여 본 연구에서는 한국은행(2003)에서 최근에 발간한 「2000 산업연관표」 중 생산자가격평가표와 수입거래표를 이용하여 비경쟁수입형표인 국산거래표를 도출하였다. 또한 산업연관표의 404부문으로부터 관광산업을 아래 〈표 3-1〉과 같이 지출항목을 토대로 6개 부문으로 세분화하고, 나머지 일반산업부문은 27개 부문으로 통합하였다.[8]

---

8) 전국국산거래표 작성결과는 【부록】을 참조 바람.

〈표 3-1〉 산업연관표상 관광산업 분류

통합부문	산업연관표 기본부문
숙박업	숙박업(332)
음식점업	음식점업(331)
쇼핑업	소매업(330)
관광교통업	기타 운수관련서비스[a](345), 철도여객(333), 도로여객(335) 항공여객[b](339),
문화오락서비스	문화서비스(388-389), 운동경기관련서비스(392), 기타 오락서비스[c](393)
영상오락서비스	영화연극예술[d](390-391)

주: a-여행사 포함; b-별도로 추계하여 화물과 분리시킴; c-카지노 포함; d-영화관과 공연장 포함.

관광산업을 분류함에 있어서 숙박업, 음식점업 그리고 쇼핑업에 대해서는 별로 큰 문제가 없으나, 관광교통업과 문화오락서비스업에 대해서는 다소 논란의 여지가 있다. 이러한 측면에서 본 연구에서는 Smith(1988)가 제안한 바와 같이 관광산업을 분류함에 있어 아래와 같이 적용하였다.

첫째, 관광교통업 중 화물부문을 모두 제외하고 여객부문만을 관광산업에 포함시켰다.

둘째, 외항운송업과 연안 및 내륙수상운송업을 관광산업에서 제외시켰다. 그 이유는 외항운송업의 경우 화물부문이 전체 매출액의 99.9%를 차지하고 있는 반면, 여객부문은 단지 0.1%에 그치고 있어 관광산업이라고 보기에는 무리가 있기 때문이다. 연안 및 내륙운송업의 경우에도 여객부문이 전체 매출액의 8%만을 차지하고 있어 관광산업으로 포함시키는 데는 무리가 있다.

셋째, 기타 운수관련서비스업에는 여행사를 포함시켰다.

넷째, 기타 오락서비스업에는 카지노업이 그리고 본 연구와 관련하여 영화 및 연극, 음악 및 기타 예술산업부문에서 영화관 및 공연장이 각각 포함되어 있으므로 이를 관광산업에 포함시켰다.

3. 관광산업 이외의 산업분류

관광산업 이외의 일반산업은 본 연구에서 중요시되는 부문이 아니므로 산업연관표의 통합대분류를 토대로 다음과 같이 27개 부문으로 분류하였다.

<표 3-2> 관광산업 이외 일반산업 분류

기호	산업부문	기호	산업부문	기호	산업부문
1	농림수산품	10	제1차금속제품	19	도매
2	광산품	11	금속제품	20	운수 및 보관
3	음식료품	12	일반기계	21	통신 및 방송
4	섬유 및 가죽제품	13	전기 및 전자기기	22	금융 및 보험
5	목제 및 종이제품	14	정밀기기	23	부동산 및 사업서비스
6	인쇄 출판 및 복제	15	수송장비	24	공공행정 및 국방
7	석유 및 석탄제품	16	가구 및 기타 제조업제품	25	교육 및 보건
8	화학제품	17	전력, 가스 및 수도	26	기타 사업 및 서비스
9	비금속광물제품	18	건설	27	기타

제2절 부산지역산업연관표 작성방법

1. 부산지역산업연관표 도출방법

그동안 지자체가 개최하는 대부분의 메가 이벤트 또는 문화행사의 경제적 파급효과 측정에 대한 연구는 지역현황의 분석에 있어서 지역 간의 차이가 반영되지 못하고 전국산업연관표를 중심으로 수행되어 왔다. 전국산업연관분석은 전국의 어느 지역에서도 동일한 파급효과가 나타나 지역여건의 차이가 반영되기 어려웠으며, 다만 산업 간의 차이를 분석하는 수준에 머물러 왔다. 지역 간의 경제적 구조와 특성 또는 여건차이가 심할 경우에는 전국계수를 이용한 지역분석결과는 실제상황과 매우 큰 차이가 발생할 수 있으며, 각 지자체별 지역경제 활성화를 위하여 개최하는 메가 이벤트 또는 문화행사가 매우 활성화되고 있는 현 시점에서 이러한 오차는 더욱 확대될 수 있다.(이충기, 2005)

따라서 부산지역의 메가 이벤트인 부산국제영화제를 중심으로 부산지역 관광산업의 경제적 파급효과를 측정하기 위해서는 이 지역에 맞는 지역산업연관분석(Regional Input-Output Analysis)을 실시하는 것이 현실적이며 타당한 연구라 할 수 있다. 이는 부산지역경제의 구조와 특성 그리고 지역산업 간 연관구조를 세세히 파악할 수 있어 자치단체의 메가 이벤트의 개최에 따른 객관적 경제기반자료가 될 뿐 아니라 지역잠재력을 강화시킬 수 있는 기초가 될 수 있을 것이다. 지역산업연관표를 작성하는 방법에는 크게 직접조사방법과 간접조사방법이 있다. 전자의 경우에는 정확도는 높을 수 있지만, 많은 시간과 예산이 소요된다는 단점이 있다. 후자의 경우에는 전국산업연관표와 지역생산액 자료 등을 토대로 지역산업연관표를 도출하는 방법으로 시간과 예산이 비교적 적게 든다는 장점이 있다. 이러한 차원에서 지역산업연관표를 작성하는 데에는 간접조사방법을 많이 이용하고 있다. 간접조사방법에는 입지상계수법(LQ: Location Quotient Method), 양비례조정법(RAS Method), 공급수요균형법(Supply-demand Pool Method) 등이 있다. 이 중 입지상계수법이 실용성이나 효율성 차원에서 많이 활용되고 있다(이강욱·최승묵, 2003; 이충기, 2005)는 점에서, 이번 연구에서도 이러한 입지상계수법을 이용하고자 한다.

2. 부산지역 투입계수 추정방법

1) 투입계수 추정방법

부산지역산업연관표 작성을 위한 투입계수 추정을 위하여 입지상계수법(LQ)을 이용하도록 하였다.

간접조사방법 중의 하나인 입지상계수법(LQ)은 전국산업에 대한 지역산업의 상대적 중요도 계수를 도출하고, 이 계수를 전국산업연관표의 투입계수를 고려하여 지역투입계수를 추정하는 방법이다. 또한 지역산업의 투입구조가 전국의 투입구조와 동일하다고 가정하고 지역 내 산업 간의 투입구조를 파악하기 위하여 전국의 산업 간 투입구조에서 지역 내로의 이입분만큼을 차감하여 지역투입계수를 작성하는 방법이다.

이를 수식으로 나타내면 다음과 같다.

$$a^{R}_{ij} = a^{N}_{ij} - m_{ij} \qquad (15)$$

여기서, a_{ij}^R: 지역투입계수, a_{ij}^N: 전국투입계수, m_{ij}: 지역이입계수 등이다.

가령, 연구대상 지역을 R, 전국을 N, 산업을 i로 표시할 때 R지역 i산업의 입지계수, LQ_i^R는 다음 식과 같이 계산할 수 있다.

$$ LQ_i^R = \frac{\dfrac{X_i^R}{X^R}}{\dfrac{X_i^N}{X^N}} \qquad (16) $$

여기서 LQ_i^R=R지역 i산업의 입지계수, X_i^R=R지역 i산업의 생산액, X^R=R지역 전체 산업의 생산액(또는 부가가치, 고용자 수 등), X_i^N= 전국 i산업의 생산액(또는 부가가치, 고용자 수 등), X^N=전국 전체 산업의 생산액(또는 부가가치, 고용자 수 등)이다.

위 식(2)에서 입지계수(LQ_i^R)는 지역경제의 자급자족 여부를 나타내는데, 크게 3가지 상황으로 구성된다.

첫째, LQ_i^R=1일 때 R지역 i산업은 자급자족 상황이라고 말한다.

둘째, LQ_i^R〉1일 때 R지역 i산업은 지역 내 수요를 충족시키고 남는 상황이므로 이를 이출(移出)산업이라고 말한다.

셋째, LQ_i^R〈1일 때 R지역 i산업은 지역 내 수요를 충족시키지 못하는 상황이므로, 이를 이입(移入)하는 산업이라고 말한다.

2) 입지상계수법을 이용한 부산지역투입계수표 작성

위와 같은 입지상계수법(LQ)을 이용하여 지역투입계수를 작성하기 위해서는 다음 식과 같다:

$$A^R = LQ * A^N \qquad (17)$$

여기서 A^N=전국 투입계수행렬($k×k$)[9], $LQ = LQ_i^R$을 요소로 하는 대각행렬($k×k$: 주 대각요소는 LQ_i^R, 그 밖의 요소는 0),[10] $A^R = R$지역 투입계수행렬($k×k$)[11] 이다.

위의 대각행렬에서 LQ의 요소값은 $LQ_i^R \geq 1$일 경우에는 1로 적용하고, $LQ_i^R \langle 1$일 경우에는 LQ_i^R 자신의 값을 적용한다.

3. 부산지역 생산유발계수행렬 및 각종 승수 도출방법

1) 생산유발계수행렬의 도출방법

한 산업에 대한 최종수요가 발생할 때 그 산업은 이를 충족시키기 위하여 다른 산업으로부터 원재료를 구입하게 되고, 이 산업은 원재료를 제공하기 위하여 또 다른 산업으로부터 원재료를 구입하게 되며, 이러한 연쇄파급효과는 끝없이 계속된다. 투입계수가 직접효과의 크기를 나타낸

---

9) 전국투입계수표 작성결과는 【부록】을 참조 바람.
10) LQ 대각행렬표는 【부록】을 참조 바람.
11) 입지상계수법을 이용한 부산지역 투입계수표 작성결과는 【부록】을 참조 바람.

112

다면, 생산유발계수는 산업 간의 연쇄파급으로 인한 직·간접효과를 나타낸다. 생산유발계수행렬을 간단히 나타내면 다음과 같다.

$$X^R = (I - A^R)^{-1} * Y \qquad (18)$$

여기서 $X^R = R$지역 산업별 총생산액 벡터, $A^R = R$지역 투입계수행렬(kxk), I=대각행렬(주요 대각요소는 1, 그 밖의 요소는 0), $(I-A^R)^{-1}=R$지역경제의 생산유발계수행렬[12], Y=관광수입이다.

이때 逆行列$(I-A^R)^{-1}$을 생산유발계수행렬이라고 하며, 이는 최종수요 1단위가 발생할 때 지역경제 전반에 걸쳐 파급되는 직·간접 생산효과를 나타낸다. 여기서 생산유발계수행렬의 각 열을 합하면 생산승수가 된다. 생산유발계수행렬은 다른 승수(소득, 부가가치, 고용승수)를 도출하는 데 기본이 되는 행렬이다.

2) 각종 승수의 도출방법

가. 생산승수

생산승수는 앞서 설명했듯이, 생산유발계수행렬$[(I-A^R)^{-1}]$의 각 산업 부문별 열(列)을 합하면 산출된다. 여기서 생산유발계수행렬은 최종수요 1단위가 발생할 때 지역경제 전반에 걸쳐 유발되는 직·간접 생산효과를 나타낸다.[13]

---

12) 부산지역 생산유발계수표 작성결과는 【부록】을 참조 바람.
13) 산업연관분석 및 관광승수 도출에 관한 자세한 사항은 이충기(2003), 『관광 응용경제학』을 참고 바람.

나. 소득승수

소득벡터를 P, 소득계수행렬을 A^p라고 하면, $P=A^pX$의 관계가 성립한다. 참고로 소득계수행렬(A^p)은 각 산업부문별 소득액(피용자보수)을 그 부문의 총투입액으로 나눈 후 이를 주 대각요소(나머지는 0)로 하는 행렬이다. 이를 생산유발관계식 $X=(I-A^R)^{-1}Y$에 대입하면 $P=A^p(I-A^R)^{-1}Y$를 얻게 된다.

이때 식 $A^p(I-A^R)^{-1}$을 소득유발계수행렬이라고 하며, 직접 및 간접효과를 나타낸다. 다시 말하면, 소득유발계수유발행렬은 한 산업부문에 대한 최종수요가 1단위 발생할 경우 국민경제 전반에 걸쳐 직·간접으로 유발되는 소득효과를 나타낸다.

다. 고용승수

고용 벡터를 L, 고용계수행렬을 A^l라고 하면, $L=A^lX$의 관계가 성립한다. 참고로 고용계수행렬 또는 노동계수행렬(A^l)은 각 산업부문별 취업자 수를 그 부문의 총투입액으로 나눈 후 이를 주 대각요소(나머지는 0)로 하는 행렬이다. 이를 생산유발관계식 $X=(I-A^R)^{-1}Y$에 대입하면 $L=Al(I-A^R)^{-1}Y$를 얻게 된다.

이때 식 $Al(I-A^R)^{-1}$을 고용유발계수행렬이라고 하며, 직접 및 간접효과를 나타낸다. 다시 말하면, 고용유발계수유발행렬은 한 산업부문에 대한 최종수요가 1단위 발생할 경우 지역경제 전반에 걸쳐 직·간접으로 유발되는 고용효과를 나타낸다.

라. 부가가치승수

부가가치벡터를 V, 부가가치계수행렬을 A^v라고 하면, $V=A^vX$의 관계가 성립한다. 참고로 부가가치계수행렬(A^v)은 각 산업부문별 부가가치를 그 부문의 총투입액으로 나눈 후 이를 주 대각요소(나머지는 0)로 하는 행렬이다. 이를 생산유발관계식 $X=(I-A^R)^{-1}Y$에 대입하면 $V=A^v(I-A^R)^{-1}Y$를 얻게 된다.

이때 식 $A^v(I-A^R)^{-1}$을 부가가치유발계수행렬이라고 하며, 직접 및 간접효과를 나타낸다. 다시 말하면, 부가가치유발계수유발행렬은 한 산업부문에 대한 최종수요가 1단위 발생할 경우 지역경제 전반에 걸쳐 직·간접으로 유발되는 부가가치효과를 나타낸다.

제3절 부산지역 산업별 자료 수집 및 분류

1. 부산지역 산업별 생산액 추계

부산지역산업연관표를 작성하기 위해서는 먼저 지역투입계수 도출을 위한 입지상계수를 산출하여야 하는데 여기에는 지역의 산업별 생산액, 고용자 수, 부가가치액, 피용자 보수 등이 필요하다. 이를 위하여 통계청에서 발간하고 있는 각종 자료들을 참조하여 추정하였다. 구체적으로 살펴보면 산업연관표상의 세부 관광산업의 각 부문들과 통계청의 산업분류에 의한 각각의 산업부문을 조정한 후 통계자료의 산업 세세분류별 지역생산액을 종합하여 각 산업별 생산액을 추계하는 방법을 이용하였다.

또한 산업 중 분류 기준으로 발표되는 일부 통계자료들은 통계청에 요청하여 원자료를 이용하였는데, 통계청에서 발간하는 자료는 최근 '2000 산업연관표'와 일치하도록 2000년도 자료를 이용하였으며, 5년마다 발간되는 도소매업 및 사업서비스 총조사보고서는 2001년도 자료를 이용하였다. 구체적인 추계방법은 아래 〈표 3-3〉과 같다.14) 2000년도 부산지역의 총 생산액은 89조 8,767억 6,700만 원으로 2000연중 전국의 총 생산액 1,643조 8,454억 7,200만 원의 5.47%를 차지하고 있는 것으로 나타나며, 6개의 관광산업을 포함한 33개 산업별 부산지역의 생산액은 〈표 3-4〉와 같다.

---

14) 생산액 분류방법은 이강욱·최승묵(2003) 자료를 주로 참조하였음.

2. 부산지역 산업별 고용자 수 추계

고용자 수는 한국은행에서 발간하는 산업연관표의 '고용표'와 통계청에서 발간하는 사업체기초통계조사보고서상의 고용자 수 자료와 크게 차이가 나타나기 때문에 이 두 개의 자료를 고려하여 추계하였다.

<표 3-3> 지역산업별 생산액 추계자료

기호	산업부문	통계자료	Code	기준연도
1	농림수산품	지역내총생산 및 지출보고서	코드 없음	2000
2	광산품	지역내총생산 및 지출보고서	코드 없음	2000
3	음식료품	광공업통계조사보고서	D15-16	2000
4	섬유 및 가죽제품	광공업통계조사보고서	D17-19	2000
5	목제 및 종이제품	광공업통계조사보고서	D20-21	2000
6	인쇄 출판 및 복제	광공업통계조사보고서	D22	2000
7	석유 및 석탄제품	광공업통계조사보고서	D23	2000
8	화학제품	광공업통계조사보고서	D24-25	2000
9	비금속광물제품	광공업통계조사보고서	D26	2000
10	제1차금속제품	광공업통계조사보고서	D27	2000
11	금속제품	광공업통계조사보고서	D28	2000
12	일반기계	광공업통계조사보고서	D29	2000
13	전기 및 전자기기	광공업통계조사보고서	D30-32	2000
14	정밀기기	광공업통계조사보고서	D33	2000
15	수송장비	광공업통계조사보고서	D34-35	2000
16	가구 및 기타 제조업제품	광공업통계조사보고서	D36	2000
17	전력, 가스 및 수도	지역내총생산 및 지출보고서	코드 없음	2000
18	건설	지역내총생산 및 지출보고서	코드 없음	2000
19	도매	도소매업 및 서비스업 총조사보고서	소매업(쇼핑업)을 제외한 전 부문	2001

기호	산업부문	통계자료	Code	기준연도
20	소매(쇼핑업)	도소매업 및 서비스업 총조사보고서	G50401, G50402, G52430, G52634, G52641, G52662, G52699,	2001
21	음식점업	도소매업통계조사보고서	H552	2000
22	숙박업	도소매업통계조사보고서	H551	2000
23	운수 및 보관	운수업 통계조사 보고서	관광교통업을 제외한 전 부문	2000
24	관광교통업	운수업 통계조사 보고서	601000, 602200, 602311, 602312, 602320, 611110, 611210, 612010, 621000, 622000, 633100, 639120	2000
25	통신 및 방송	지역내총생산 및 지출보고서	코드 없음	2000
26	금융 및 보험	지역내총생산 및 지출보고서	코드 없음	2000
27	부동산 및 사업서비스	지역내총생산 및 지출보고서	코드 없음	2000
28	공공행정 및 국방	지역내총생산 및 지출보고서	코드 없음	2000
29	교육 및 보건	지역내총생산 및 지출보고서	코드 없음	2000
30	문화오락서비스	도소매업 및 서비스업 총조사보고서	Q88221, Q88222, Q88231, Q88232, Q88311, Q88312, Q88313, Q88329, Q88331, Q88332, Q88921, Q88929, Q88992, Q88995, Q88999	2001
31	영상오락서비스	도소매업 및 서비스업 총조사보고서	Q87141, Q87142, Q87311, Q87349,	2001
32	기타사회서비스	도소매업 및 서비스업 총조사보고서	문화 / 영상오락서비스를 제외한 전 부문	2001
33	기타	지역내총생산 및 지출보고서	코드 없음	2000

자료: 통계청(www.nso.go.kr). 세부자료는 통계청에 요청하여 획득함.

〈표 3-4〉 부산지역 산업별 생산액 추계

(단위: 백만 원)

기호	산업부문	전국	부산	자료 출처
	총 계	1,643,845,472	89,876,767	
1	농림수산품	38,463,169	1,173,839	지역내총생산 및 지출보고서
2	광산품	1,694,039	8,414	광공업통계조사보고서
3	음식료품	41,129,323	1,529,381	광공업통계조사보고서
4	섬유 및 가죽제품	40,998,645	3,659,894	광공업통계조사보고서
5	목제 및 종이제품	16,582,126	499,198	광공업통계조사보고서
6	인쇄 출판 및 복제	9,803,929	234,206	광공업통계조사보고서
7	석유 및 석탄제품	40,157,980	124,803	광공업통계조사보고서
8	화학제품	77,502,434	1,553,412	광공업통계조사보고서
9	비금속광물제품	16,983,286	343,854	광공업통계조사보고서
10	제1차금속제품	44,590,805	2,636,737	광공업통계조사보고서
11	금속제품	20,308,651	1,579,835	광공업통계조사보고서
12	일반기계	42,413,933	2,373,319	광공업통계조사보고서
13	전기 및 전자기기	127,357,402	1,288,406	광공업통계조사보고서
14	정밀기기	5,132,385	145,392	광공업통계조사보고서
15	수송장비	72,603,640	2,641,622	광공업통계조사보고서
16	가구 및 기타 제조업제품	9,269,580	451,334	광공업통계조사보고서
17	전력, 가스 및 수도	28,600,219	1,320,949	지역내총생산 및 지출보고서
18	건설	106,799,693	6,103,814	지역내총생산 및 지출보고서
19	도매	396,015,078	31,792,327	도소매업 및 서비스업 총조사보고서
20	쇼핑업	24,635,451	1,542,536	도소매업 및 서비스업 총조사보고서
21	음식점업	35,472,249	2,842,734	도소매업통계조사보고서
22	숙박업	5,313,029	510,474	도소매업통계조사보고서
23	운수 및 보관	35,044,477	1,796,435	운수통계조사보고서
24	관광교통업	19,589,575	994,544	운수통계조사보고서
25	통신 및 방송	27,742,787	1,786,375	지역내총생산 및 지출보고서
26	금융 및 보험	54,559,813	3,392,112	지역내총생산 및 지출보고서
27	부동산 및 사업서비스	108,607,969	6,181,036	지역내총생산 및 지출보고서
28	공공행정 및 국방	45,712,913	2,108,059	지역내총생산 및 지출보고서
29	교육 및 보건	63,830,938	4,470,276	지역내총생산 및 지출보고서
30	문화오락서비스	9,911,417	106,731	도소매업 및 서비스업 총조사보고서
31	영상오락서비스	698,135	61,821	도소매업 및 서비스업 총조사보고서
32	기타 사회서비스	34,506,159	2,194,957	도소매업 및 서비스업 총조사보고서
33	기타	41,814,243	2,427,941	지역내총생산 및 지출보고서

즉 산업연관표의 고용표의 각 산업별 전국 고용자 수에 사업체기초통계조사보고서의 각 산업별 고용자 수의 지역 구성비율을 적용하여 부산지역의 고용자 수를 추계하였다.(이강욱·최승묵, 2003)

이를 식으로 나타내면 다음과 같다.

$$E_i^R = E_i^N \frac{E(S)_i^R}{E(S)_i^N} \qquad (19)$$

여기서

E_i^R =R지역 i산업의 고용자 수

E_i^N =전국산업연관표상 i산업의 고용자 수

$E(S)_i^R$ =사업체기초통계조사보고서의 R지역 i산업의 고용자 수

$E(S)_i^N$ =사업체기초통계조사보고서의 전국 i산업의 고용자 수

위의 추계방법을 이용하여 도출된 부산지역의 취업자 수는 〈표 3-5〉와 같다.

3. 부산지역 산업별 부가가치 추계

각 지역산업별 부가가치는 위의 지역산업별 생산액 자료와 동일한 자료를 이용하여 추계하였다. 그러나 부가가치가 각 산업별로 서로 다른 자료를 이용하다 보니 수치의 일관성 문제가 발생한다. 따라서 특정 산업의 부가가치가 지나치게 크다고 판단될 경우 지역 내 총부가가치액을

지역 내 생산액 비율을 적용하여 추계하였는데, 부산지역의 부가가치는 〈표 3-6〉과 같다.

4. 부산지역 산업별 피용자보수 추계

각 지역산업별 피용자보수는 위의 부가가치 도출방법과 동일한 방법을 이용하였으며, 도출된 부산지역의 피용자보수는 〈표 3-6〉과 같다

〈표 3-5〉 부산지역 취업자 수 추계

(단위: 명)

번호	산업부문	산업연관표[a] (2000년)	사업체기초통계조사보고서[b] (2000년)		추계후[c]
		취업자 수	전 국 취업자 수	부산지역 취업자 수	부산지역 취업자 수
1	농림수산품	2,228,849	56,108	4,134	164,220
2	광산품	19,010	21,406	108	96
3	음식료품	283,191	288,869	18,378	18,017
4	섬유 및 가죽제품	510,769	540,060	71,691	67,803
5	목재 및 종이제품	106,049	108,476	6,354	6,212
6	인쇄, 출판 및 복제	130,638	136,160	5,711	5,479
7	석유 및 석탄제품	18,196	15,915	368	421
8	화학제품	323,732	325,894	15,293	15,192
9	비금속광물제품	108,921	112,065	2,847	2,767
10	제1차 금속	112,408	139,146	11,918	9,628
11	금속제품	224,679	256,666	23,058	20,184
12	일반기계	310,562	337,336	26,626	24,513
13	전기 및 전자기기	559,465	538,622	12,872	13,370
14	정밀기기	62,218	63,133	2,561	2,524

번호	산업부문	산업연관표[a] (2000년)	사업체기초통계조사보고서[b] (2000년)		추계후[c]
		취업자 수	전 국 취업자 수	부산지역 취업자 수	부산지역 취업자 수
15	수송장비	310,816	324,263	18,405	17,642
16	가구 및 기타 제조업제품	133,456	147,051	10,536	9,562
17	전력, 가스 및 수도	71,944	56,629	3,581	4,549
18	건설	1,248,774	640,755	35,942	70,048
19	도소매	1,383,241	2,393,372	205,290	118,647
20	**쇼핑업**	1,504,528	99,845	6,836	103,009
21	**음식점**	1,255,886	125,509	11,438	114,453
22	**숙박**	114,036	1,430,476	118,464	9,444
23	운수 및 보관	431,526	384,216	51,222	57,529
24	관광교통업	350,976	381,084	38,408	35,374
25	통신 및 방송	126,761	130,831	10,227	9,909
26	금융 및 보험	698,958	613,580	46,785	53,295
27	부동산 및 사업서비스	850,221	948,893	60,138	53,884
28	공공행정 및 국방	674,749	520,932	41,964	54,355
29	교육 및 보건	1,552,498	1,409,060	111,238	122,562
30	**문화오락서비스**	260,925	39,638	1,456	9,584
31	**영상오락서비스**	14,030	7,829	763	1,367
32	기타서비스	694,544	976,113	79,445	56,528
33	기타	0	34,980	3,079	0

a 한국은행(2003). 『2000년 산업연관표』.

b 통계청(www.nso.go.kr). 세부자료는 통계청에 요청해서 획득함.

c 공식을 이용한 추계 후 취업자 수: $E_i^R = E_i^N \dfrac{E(S)_i^R}{E(S)_i^N}$

122

〈표 3-6〉 부산지역 부가가치 및 피용자 추계

번호	산업부문	부가가치 (백만 원)	피용자보수 (백만 원)	출 처
1	농림수산품	602,521	254,730	지역내총생산 및 지출보고서
2	광산품	4,889	1,182	광공업통계조사보고서
3	음식료품	678,702	160,246	광공업통계조사보고서
4	섬유 및 가죽제품	1,698,695	681,428	광공업통계조사보고서
5	목재 및 종이제품	189,545	62,337	광공업통계조사보고서
6	인쇄, 출판 및 복제	143,720	52,905	광공업통계조사보고서
7	석유 및 석탄제품	37,351	8,622	광공업통계조사보고서
8	화학제품	653,606	195,342	광공업통계조사보고서
9	비금속광물제품	159,134	29,248	광공업통계조사보고서
10	제1차금속제품	827,803	213,046	광공업통계조사보고서
11	금속제품	739,749	237,954	광공업통계조사보고서
12	일반기계	1,076,152	332,503	광공업통계조사보고서
13	전기 및 전자기기	622,977	198,222	광공업통계조사보고서
14	정밀기기	73,496	21,935	광공업통계조사보고서
15	수송장비	1,136,870	337,151	광공업통계조사보고서
16	가구 및 기타 제조업제품	219,579	72,295	광공업통계조사보고서
17	전력, 가스 및 수도	758,103	148,251	지역내총생산 및 지출보고서
18	건설	2,507,037	1,738,266	지역내총생산 및 지출보고서
19	도매	3,697,777	1,427,106	지역내총생산 및 지출보고서(생산액비율 적용)
20	쇼핑업	188,337	72,686	지역내총생산 및 지출보고서(생산액비율 적용)
21	음식점	1,057,754	653,753	지역내총생산 및 지출보고서(생산액비율 적용)
22	숙박	189,943	117,395	지역내총생산 및 지출보고서(생산액비율 적용)
23	운수 및 보관	1,688,241	956,914	운수업통계조사보고서
24	관광교통업	722,482	248,916	운수업통계조사보고서

번호	산업부문	부가가치 (백만 원)	피용자보수 (백만 원)	출 처
25	통신 및 방송	729,775	265,887	지역내 총생산 및 지출보고서
26	금융 및 보험	2,237,011	1,179,042	지역내 총생산 및 지출보고서
27	부동산 및 사업서비스	4,227,257	887,397	지역내 총생산 및 지출보고서
28	공공행정 및 국방	1,474,840	1,326,008	지역내 총생산 및 지출보고서
29	교육 및 보건	2,733,619	2,249,133	지역내 총생산 및 지출보고서
30	문화오락서비스	57,907	34,550	지역내 총생산 및 지출보고서(생산액비율 적용)
31	영상오락서비스	33,541	20,012	지역내 총생산 및 지출보고서(생산액비율 적용)
32	기타사회서비스	1,157,307	690,493	지역내 총생산 및 지출보고서(생산액비율 적용)
33	기타	33,578	20,034	지역내 총생산 및 지출보고서(생산액비율 적용)

제 4 장

부산국제영화제에 따른 경제파급효과 분석

제1절 부산지역 투입계수 및 관광승수 도출

1. 부산지역 투입계수 도출

입지상계수(LQ)는 전국의 특정 산업에 대해 이에 대응하는 지역산업의 상대적 중요도를 나타내는 지표로, 지역산업의 특화 정도를 나타낸다. 여기서 LQ〉1이면 상대적으로 특화된 산업임을 의미하며, LQ〈1이면 특화되지 않은 산업임을 의미한다. 부산지역의 입지상계수 산출결과는 〈표 4-1〉과 같다. 산업별 생산액을 기준으로 부산지역의 입지상계수를 분석한 결과, 전 산업부문 중 숙박업(1.74)이 해당 전국산업에 비해 가장 특화된 것으로 나타났다. 다음으로는 섬유 및 가죽제품(1.62), 영상오락서비스(1.60), 음식점업(1.45), 도매업(1.45), 금속제품(1.41), 교육 및 보건(1.27), 쇼핑업(1.19)의 순으로 나타났다.

〈표 4-1〉에서 나타난 바와 같이 부산지역의 관광산업 중 숙박업(1.74), 영상오락서비스(1.60), 음식점업(1.45), 쇼핑업(1.19)의 입지상계수는 거의 1에 가까우나 LQ〉1인 수준이어서 상대적으로 특화된 산업인 것으로 나타났다. 그러나 관광교통업(0.92), 문화오락서비스업(0.20)의 경우는 여전히 LQ〉1인 수준에 도달하지 못하는 것으로 나타났다. 따라서 부산지역의 관광산업은 우리나라 제2의 관문이라는 특성과 영화산업의

중심지로 성장함에 따라 숙박업, 영상오락서비스, 음식점업 그리고 쇼핑업에서 전국에 비하여 다소 특화된 것으로 해석된다.

이는 부산지역이 대규모 이벤트 및 국제행사 등의 적극적인 유치활동 전개 등 관광·컨벤션산업을 적극적으로 육성하고 있으며, 동북아 물류의 거점도시, 영상산업의 메카로서의 위상을 정립해 나감에 따라 일부 관광산업 부문에서 다소 특화된 것으로 나타나고 있다고 할 수 있다. 그러나 여전히 관광교통업관련 접근성과 다양한 문화오락서비스 부족 등의 문제를 해결하여야 한다는 사실을 설명해 주고 있다. 따라서 부산국제영화제의 성공적인 개최는 부산지역의 문화오락서비스 확대와 그에 따른 관광산업을 크게 특화시키는 데 기여할 것으로 판단된다.

〈표 4-1〉 입지상계수 산출결과

기호	산업부문	생산액(백만 원)		입지상계수
		전국	부산지역	
1	농림수산품	38,463,169	1,173,839	0.55
2	광산품	1,694,039	8,414	0.09
3	음식료품	41,129,323	1,529,381	0.67
4	섬유 및 가죽제품	40,998,645	3,659,894	1.62
5	목제 및 종이제품	16,582,126	499,198	0.55
6	인쇄 출판 및 복제	9,803,929	234,206	0.43
7	석유 및 석탄제품	40,157,980	124,803	0.06
8	화학제품	77,502,434	1,553,412	0.36
9	비금속광물제품	16,983,286	343,854	0.37
10	제1차금속제품	44,590,805	2,636,737	1.07
11	금속제품	20,308,651	1,579,835	1.41
12	일반기계	42,413,933	2,373,319	1.01
13	전기 및 전자기기	127,357,402	1,288,406	0.18
14	정밀기기	5,132,385	145,392	0.51

기호	산업부문	생산액(백만 원)		입지상계수
		전국	부산지역	
15	수송장비	72,603,640	2,641,622	0.66
16	가구 및 기타제조업제품	9,269,580	451,334	0.88
17	전력, 가스 및 수도	28,600,219	1,320,949	0.84
18	건설	106,799,693	6,103,814	1.04
19	도매	396,015,078	31,719,316	1.45
20	쇼핑업	24,635,451	1,615,547	1.19
21	음식점업	35,472,249	2,842,734	1.45
22	숙박업	5,313,029	510,474	1.74
23	운수 및 보관	35,044,477	2,755,971	1.43
24	관광교통업	19,589,575	994,544	0.92
25	통신 및 방송	27,742,787	1,786,375	1.17
26	금융 및 보험	54,559,813	3,392,112	1.13
27	부동산 및 사업서비스	108,607,969	6,181,036	1.03
28	공공행정 및 국방	45,712,913	2,108,059	0.84
29	교육 및 보건	63,830,938	4,470,276	1.27
30	문화오락서비스	9,911,417	106,731	0.20
31	영상오락서비스	698,135	61,821	1.60
32	기타사회서비스	34,334,885	2,133,069	1.13
33	기타	171,274	61,888	6.55

2. 부산지역 관광승수 도출

1) 생산승수

생산승수는 최종수요 1단위가 발생했을 때 각 산업부문이 이를 충족시키기 위하여 전 산업에 파급시킨 직접 및 간접 생산효과를 나타낸다. 관광부문의 경우 음식점업(1.8322)과 영상오락서비스업(1.8160) 그리고 쇼핑업(1.5750)의 생산승수가 부산지역 전 산업 평균치(1.5569)를 상회하고 있으며, 전 산업 중 각각 7위와 9위 그리고 14위를 차지하고 있다.

여기서 음식점업의 생산승수가 1.8322이라 함은 외래관광객이 매 1원을 소비할 때마다 부산지역 전체 경제에 걸쳐 직접 및 간접효과를 통하여 약 1원 83전의 생산효과를 가져온다는 것을 의미한다. 그러나 숙박업(1.5114, 15위), 관광교통업(1.4218, 21위), 문화오락서비스업(1.1231, 30위)은 전 산업 평균치를 다소 밑도는 것으로 나타났다.

한편, 전체 산업 중 기타 부문의 생산승수가 2.3548로 전 산업 중 1위를 차지하였으며, 다음으로는 제1차금속제품업(2.1342, 2위), 금속제품업(2.0781, 3위), 일반기계업(2.0359, 4위), 섬유 및 가죽제품업(1.9131, 5위)의 순으로 나타났다. 또한 건설업의 생산승수는 1.8405, 기타 사회서비스업이 1.8163으로 전 산업 중 각각 6위와 8위를 나타냈다.

2) 소득승수

소득승수는 최종수요 1단위가 발생했을 때, 각 산업부문이 이를 충족시키기 위하여 전 산업에 파급시킨 직접 및 간접 소득효과를 나타낸다. 여기서 소득은 피고용자 보수로 국내생산에 종사한 피고용자가 받는 현금, 현물급여 및 사용자가 부담하는 사회보험료 및 퇴직금을 포함하는데, 소득세 공제전의 개념이다. 소득승수는 지역주민에게 직접 지출되는 개인소득을 나타내기 때문에 매우 중요한 의미를 갖는다.

<표 4-2> 부산지역 생산 및 소득승수 도출

번호	산업부문		생산승수*	순위	소득승수*	순위
1	일반산업부문	농림수산업	1.2828	28	0.2630	19
2		광업	1.0479	32	0.1495	30
3		음식료업	1.5968	13	0.2122	24
4		섬유 및 가죽제품업	1.9131	5	0.3461	11
5		목재 및 종이제품업	1.4033	24	0.1874	25
6		인쇄 출판 및 복제업	1.4154	22	0.2972	14
7		석유 및 석탄제품업	1.0068	33	0.0702	33
8		화학제품업	1.2772	29	0.1684	28
9		비금속광물제품업	1.2915	27	0.1291	32
10		제1차금속제품업	2.1342	2	0.2133	23
11		금속제품업	2.0781	3	0.2927	16
12		일반기계업	2.0359	4	0.2927	15
13		전기 및 전자기기업	1.1004	31	0.1706	27
14		정밀기기업	1.4152	23	0.2286	22
15		수송장비업	1.7137	11	0.2319	21
16		가구·기타제조업	1.7206	10	0.2703	18
17		전력·가스·수도업	1.3706	26	0.1754	26
18		건설업	1.8405	6	0.4091	8
19		도매업	1.4509	19	0.1319	31
23		운수보관업	1.4515	18	0.4267	7
25		통신 및 방송업	1.6236	12	0.2754	17
26		금융보험업	1.4604	16	0.4601	6
27		부동산사업서비스업	1.4450	20	0.2408	20
28		공공행정 및 국방사업	1.3919	25	0.7049	1
29		교육 및 보건사업	1.4600	17	0.5906	2
32		기타사회서비스업	1.8163	8	0.4695	5
33		기타	2.3548	1	0.5666	3
20	관광부문	쇼핑업	1.5750	14	0.1551	29
21		음식점업	1.8322	7	0.3535	9
22		숙박업	1.5114	15	0.3196	13
24		관광교통업	1.4218	21	0.3232	12
30		문화오락서비스업	1.1231	30	0.3473	10
31		영상오락서비스업	1.8160	9	0.5126	4
	전 산업 평균		1.5569		0.3026	

직접 및 간접효과를 나타냄.
자료: 한국은행(2003). 『2000년 산업연관표』로부터 도출됨.

관광부문의 소득승수는 쇼핑업(0.1551, 29위)을 제외한 나머지 부문에서 전 산업 평균치(0.3026)를 상회하고 있는 것으로 나타났다. 이는 관광산업이 타 산업과 비교해 볼 때 부산지역주민을 위한 소득창출효과가 매우 높다는 것을 의미한다. 관광부문 중에서는 영상오락서비스업의 소득승수가 0.5126으로 가장 높으며, 전 산업 중 4위를 차지하고 있다. 여기서 영상오락서비스업의 소득승수가 0.5126이라 함은 외래관광객이 매 1원을 소비할 때마다 부산 지역주민에게 직접 및 간접효과를 통하여 약 51전의 소득효과를 가져온다는 것을 의미한다.

다음으로는 음식점업(0.3535, 9위), 문화오락서비스업(0.3473, 10위), 관광교통업(0.3232, 12위), 숙박업(0.3196, 13위)의 순으로 나타났다. 한편, 전체 산업 중 공공행정 및 국방사업의 소득승수가 0.7049로 전 산업 중 1위를 차지하였으며, 다음으로는 교육 및 보건사업(0.5906, 2위), 기타(0.5666, 3위), 기타 사회서비스업(0.4695, 5위)의 순으로 나타났다.

3) 고용승수

고용승수는 최종수요 1단위(100만 원으로 표시)가 발생했을 때, 각 산업부문이 이를 충족시키기 위하여 전 산업에 파급시킨 직접 및 간접 고용효과를 나타낸다. 지역주민의 고용기회는 지방자치단체의 중요한 정책과제이므로 고용승수는 중요한 의미를 갖는다.

관광부문의 고용승수는 숙박업(0.0279, 14위)을 제외한 관광산업 부문에서 전 산업 평균치(0.0282)를 훨씬 상회하고 있으며, 관광부문 중 문화오락서비스업은 고용승수가 0.1007로 부산지역 전 산업 중 1위를 차지하고 있다. 여기서 문화오락서비스업의 고용승수가 0.1007이라 함은 외래관광객이 관광산업에 매 10억 원 지출당 약 100.7명의 취업자가 발생된다는 것을 의미한다.

또한 쇼핑업(0.1002, 2위)과 음식점업(0.0686, 3위), 관광교통업(0.0505, 4위), 영상오락서비스업(0.0401, 6위)의 순으로 나타나고 있는데, 이는 관광산업 전 부문이 고용창출효과가 매우 높은 산업임을 설명해 주고 있다. 한편, 전체 산업 중 기타 사회서비스업의 고용승수가 0.0479로 전 산업 중 5위를 차지하였으며, 다음으로는 교육 및 보건사업(0.0399, 7위), 가구 및 기타 제조업(0.0363, 8위), 공공행정 및 국방사업(0.0358, 9위)의 순으로 나타났다.

〈표 4-3〉 부산지역 고용 및 부가가치승수 도출

번호		산업부문	고용승수*	순위	부가가치승수*	순위
1		농림수산업	0.0340	11	0.6479	23
2		광업	0.0119	24	0.6057	26
3		음식료업	0.0157	21	0.7312	20
4		섬유 및 가죽제품업	0.0354	10	0.8882	10
5		목재 및 종이제품업	0.0174	20	0.5570	28
6		인쇄 출판 및 복제업	0.0331	12	0.8112	13
7	일	석유 및 석탄제품업	0.0034	32	0.3025	33
8	반	화학제품업	0.0125	23	0.5459	29
9	산	비금속광물제품업	0.0104	27	0.6039	27
10	업	제1차금속제품업	0.0078	29	0.7483	18
11	부	금속제품업	0.0265	15	0.9031	7
12	문	일반기계업	0.0210	19	0.9014	8
13		전기 및 전자기기업	0.0114	26	0.5301	30
14		정밀기기업	0.0245	16	0.7066	22
15		수송장비업	0.0114	25	0.7424	19
16		가구 · 기타 제조업	0.0363	8	0.8053	14
17		전력 · 가스 · 수도업	0.0047	31	0.7582	17
18		건설업	0.0211	18	0.8039	15

번호		산업부문	고용승수*	순위	부가가치승수*	순위
19	일반산업부문	도매업	0.0054	30	0.3509	32
20		운수보관업	0.0303	13	0.8276	12
21		통신 및 방송업	0.0090	28	0.7208	21
22		금융보험업	0.0229	17	0.9272	4
23		부동산사업서비스업	0.0126	22	0.9217	6
24		공공행정 및 국방사업	0.0358	9	0.8933	9
25		교육 및 보건사업	0.0399	7	0.8380	11
26		기타 사회서비스업	0.0479	5	0.9544	3
27		기타	0.0000	33	1.1191	1
28	관광부문	쇼핑업	0.1002	2	0.4309	31
29		음식점업	0.0686	3	0.7640	16
30		숙박업	0.0279	14	0.6311	24
31		관광교통업	0.0505	4	0.9226	5
32		문화오락서비스업	0.1007	1	0.6088	25
33		영상오락서비스업	0.0401	6	0.9810	2
전 산업 평균			0.0282		0.7419	

*직접 및 간접효과를 나타냄.
자료: 한국은행(2003). 『2000년 산업연관표』로부터 도출됨.

4) 부가가치승수

부가가치승수는 최종수요 1단위가 발생했을 때, 각 산업부문이 이를 충족시키기 위하여 전 산업에 파급시킨 직접 및 간접 부가가치효과를 나타낸다. 관광부문의 부가가치승수는 영상오락서비스업(0.9810), 관광교통업(0.9226), 음식점업(0.7640)이 부산지역 전 산업 평균치(0.7419)를 상회하는 것으로 나타났다. 여기서 영상오락서비스업의 부가가치승수가 0.9810이라 함은 외래관광객이 매 1원 소비할 때마다 부산지역에 직간접효과를 통하여 약 98전의 부가가치효과를 발생한다는 것을 의미한다.

따라서 영상오락서비스업(2위), 관광교통업(5위), 음식점업(16위)이 부

산지역 전 산업 평균치보다 상회하고 있다는 것은 부가가치가 높은 산업
이라는 것을 보여주고 있는 것이다. 그러나 숙박업(0.6311, 24위), 문화오
락서비스업(0.6088, 25위), 쇼핑업(0.4309, 31위)의 경우는 전 산업 평균
치 0.7419를 밑도는 것으로 나타나 타 산업에 비해 부가가치가 낮은 것
으로 나타났다.

한편, 전체 산업 중 기타 부문의 부가가치승수가 1.1191로 부산지역 전
산업 중 1위를 차지하였으며, 다음으로는 기타 사회서비스업(0.9544, 3
위), 금융보험업(0.9272, 4위), 부동산사업서비스업(0.9217, 6위), 금속제
품업(0.9031, 7위), 일반기계업(0.9014, 8위), 공공행정 및 국방사업(0.8933,
9위)의 순으로 나타났다.

3. 부산지역 산업부문 간 연관효과 분석

1) 영향력계수

영향력계수는 어떤 산업부문의 생산물에 대한 최종수요가 한 단위 발
생할 때 이를 충족시키기 위하여 타 산업으로부터 원재료를 구입함에 따
라 전 산업에 미치는 영향을 나타낸다.(한국은행, 2004) 영향력계수는 후
방연쇄효과라고 부르는데, 각 산업의 생산유발계수의 열(列) 합계를 전
산업 생산유발계수 열 합계의 평균으로 나눈 값이다.

〈표 4-4〉 부산지역 영향력계수와 감응도계수

번호	산업부문		영향력계수	순위	감응도계수	순위
1		농림수산업	0.8239	28	1.0328	12
2		광업	0.6730	32	0.6903	30
3		음식료업	1.0256	13	1.1683	7
4		섬유 및 가죽업	1.2288	5	0.9902	13
5		목재 및 종이제품업	0.9014	24	1.0560	11
6		인쇄 출판 및 복제업	0.9091	22	0.8041	24
7		석유 및 석탄제품업	0.6467	33	1.2621	5
8		화학제품업	0.8204	29	1.4923	3
9		비금속광물제품업	0.8296	27	0.8337	22
10		제1차금속제품업	1.3708	2	1.9031	2
11	일반산업부문	금속제품업	1.3347	3	0.9259	17
12		일반기계업	1.3077	4	0.9529	15
13		전기 및 전자기기업	0.7068	31	0.9568	14
14		정밀기기업	0.9090	23	0.7043	28
15		수송장비업	1.1007	11	0.9443	16
16		가구·기타 제조업	1.1052	10	0.7203	27
17		전력·가스·수도업	0.8803	26	1.1245	9
18		건설업	1.1822	6	0.8000	25
19		도매업	0.9319	19	0.9105	18
20		운수보관업	0.9323	18	0.8159	23
21		통신 및 방송업	1.0428	12	1.1219	10
22		금융보험업	0.9380	16	1.3615	4
23		부동산사업서비스업	0.9281	20	1.9900	1
24		공공행정 및 국방사업	0.8940	25	0.6423	33
25		교육 및 보건사업	0.9378	17	0.8467	21
26		기타 사회서비스업	1.1666	8	0.6963	29
27		기타	1.5125	1	1.2317	6
28		쇼핑업	1.0116	14	0.8698	19
29		음식점업	1.1768	7	1.1637	8
30	관광부문	숙박업	0.9707	15	0.6862	31
31		관광교통업	0.9132	21	0.7815	26
32		문화오락서비스업	0.7214	30	0.6562	32
33		영상오락서비스업	1.1664	9	0.8641	20

자료: 한국은행(2003). 『2000년 산업연관표』로부터 도출됨.

따라서 생산승수가 클수록 영향력계수도 크게 나타난다. 부산지역 전 산업 중에서 영향력계수가 가장 큰 부문은 기타 부문(1.51, 1위)으로 나타났으며, 다음으로는 제1차금속제품업(1.37, 2위), 금속제품업(1.33, 3위), 일반기계업(1.31, 4위), 섬유 및 가죽제품업(1.23, 5위)의 순으로 나타났다. 그다음으로는 건설업(1.18, 6위), 기타 사회서비스업(1.17, 8위), 가구 및 기타 제조업(1.11, 10위)의 순으로 나타났다.

관광부문의 경우 음식점업(1.18, 7위)과 영상오락서비스업(1.17, 9위)이 타 산업에 비교적 큰 영향을 미치는 것으로 나타났다. 그러나 쇼핑업(0.87, 19위), 영상오락서비스업(0.86, 20위), 관광교통업(0.78, 26위), 숙박업(0.69, 31위), 문화오락서비스업(0.66, 32위)의 경우에는 타 산업에 대한 영향력이 그리 크지 않은 것으로 나타났다.

2) 감응도계수

감응도계수는 한 산업부문의 생산물에 대한 최종수요가 한 단위 발생할 때 특정 산업이 받는 영향을 나타낸다. 감응도계수는 전방연쇄효과라고 부르며, 각 산업의 생산유발계수의 행(行) 합계를 전 산업 생산유발계수의 행 합계의 평균으로 나누어 구한다.(한국은행, 2004)

감응도계수는 한 제품이 다른 산업의 중간재로 많이 사용될수록 크게 나타난다. 부산지역 전 산업 중에서 감응도계수가 가장 큰 부문은 부동산사업서비스업(1.99, 1위)으로 나타났으며, 다음으로는 제1차금속제품업(1.90, 2위), 화학제품업(1.49, 3위), 금융보험업(1.36, 4위), 석유 및 석탄제품업(1.30, 5위), 기타(1.23, 6위), 음식료업(1.17, 7위), 전력·가스·수도업(1.12, 9위), 통신 및 방송업(1.12, 10위)의 순으로 나타났다.

관광부문의 경우 음식점업(1.16, 8위)이 비교적 영향을 크게 받는 것으로 나타났다. 반면에 나머지 관광부문은 쇼핑업(0.87, 19위), 영상오락서비스업(0.86, 20위), 관광교통업(0.78, 26위), 숙박업(0.69, 31위), 문화오락서비스업(0.66, 32위)으로 나타나 타 산업으로부터 영향을 크게 받지 않는 것으로 나타났다.

제2절 부산국제영화제 외래관광객 지출액 도출

1. 외래관광객 설문조사

1) 설문조사 내용

메가 이벤트로서 부산국제영화제 개최에 따른 관광산업의 경제적 파급효과를 분석하기 위해서는 부산국제영화제 참관을 위하여 부산지역을 방문하는 외래관광객의 1인당 지출액을 파악하여야 한다. 이러한 점에서 본 연구에서는 다음과 같은 내용으로 설문조사를 실시하였다.

설문지[15]의 주요 내용은 다음과 같다.

- 부산국제영화제 방문 횟수 및 방문목적 여부
- 영화관람 횟수 및 동반자 형태
- 체류기간 및 이용숙박시설, 부산국제영화제 정보원천
- 1인당 지출액
- 전반적인 만족도 및 애호도 평가
- 인구통계적 특성

이 중 경제적 파급효과 분석에 필요한 1인당 지출액 항목은 본 연구에서 분류한 관광산업 6개 부문에 맞춰 지출항목별로 조사하였는데, 세부항목은 다음과 같다.

- 교통비(부산에서 지출한 주차비, 주유비, 대중교통비 등)
- 숙박비(부산에서 지출한 숙박비)
- 식음료비(부산에서 지출한 식대 및 음료)

---

15) 설문지 내용은 【부록】을 참조 바람.

- 영화관람료
- 유흥비(부산에서 지출한 노래방, 당구장, 술값 등)
- 쇼핑비(부산에서 구입한 기념품 등)
- 기타

2) 설문조사방법 및 자료수집

설문지는 부산국제영화제 참관을 위하여 방문한 외래관광객의 본 연구에서 제시한 관광산업의 분류에 따른 1인당 지출액을 산정하고, 관광행동에 관한 정보를 얻을 수 있도록 작성되었다. 이를 위하여 1차적으로 본 연구자가 선행연구에 대한 검토를 바탕으로 설문지를 작성하고, 지도교수 및 부산국제영화제 관계자(영화진흥공사)가 이를 검토하는 방법으로 진행되었다. 또한 연구자와 지도교수 간 여러 차례에 걸친 논의를 통하여 설문지를 수정 및 보완한 후 완성하였다.

설문조사지역은 부산국제영화제 참관을 위하여 외래관광객이 방문할 가능성이 높은 부산시 소재 PIFF 광장, 남포동 및 해운대 극장가와 초청 게스트가 주로 투숙하고 있는 해운대 특급호텔지역을 중심으로 선정되었다.

설문조사자는 부산경상대학 관광경영과와 호텔관광영어과 그리고 본 대학에 재학 중인 중국 유학생 및 영화진흥공사 관계자들로 조사 목적, 조사 방법, 조사 내용 등을 충분히 교육받은 후 현장에 투입되었다. 또한 설문조사 시기는 부산국제영화제의 개최기간 중(2005.10.10~10.14)에 실시되었다.

설문방법은 자기기입식(Self-administered) 설문지로 응답자에게 제시되었으며, 표본은 연령대별로 골고루 선정되도록 하였다. 그러나 설문지를 직접 기입하기가 곤란한 고령 응답자의 경우에는 조사자가 일대일 면접을 통하여 설문지를 작성하였다.

설문지는 내국인 456매(부산지역 거주 345매, 부산지역 외 거주자 111매), 외국인 146매(영어권 46매, 일본어권 39매, 중국어권 61매)를 포함하여 총 602매를 회수하였으며, 이 중 외래관광객의 부산국제영화제 참관에 따른 경제적 파급효과 분석을 위하여 부산지역 거주자를 제외한 257매를 분석하였다.

<표 4-5> 설문표본 현황

구분	내국인		외국인			계
	부산지역	부산 외 지역	영어권	일본어권	중국어권	
표본 수	345	145	22	25	65	602
비율(%)	57.3	24.1	3.6	4.2	10.8	

3) 부산국제영화제 방문객 설문조사 결과분석

가. 외래관광객 1인당 지출액

본 설문조사결과를 토대로 부산국제영화제 외래관광객(국외 및 국내 타 지역 포함) 총 257명의 1인당 평균 지출액을 분석하였다.

<표 4-6>에서 보는 바와 같이 외래관광객의 1인당 지출액은 약 827,349원으로 추정되었으며, 이 중에서 교통비는 45,424원, 숙박비는 156,483원, 식음료비는 114,624원, 영화관람료는 16,856원, 유흥비는 115,041원, 쇼핑비는 378,921원으로 나타났다.

〈표 4-6〉 외래관광객 1인당 지출액(N=257명)

지출항목	1인당 지출액	구성비(%)
교통비	45,424	5.5
숙박비	156,483	18.9
식음료비	114,624	13.9
영화관람료	16,856	2.0
유흥비	115,041	13.9
쇼핑비	378,921	45.8
계	827,349	100.0

주) 본 설문조사결과를 이용하여 1인당 평균 지출액을 산출함.

나. 국외 외래관광객 1인당 지출액

본 설문조사결과를 토대로 산출한 국외(외국인) 외래관광객 총 112명의 1인당 평균 지출액을 분석하였다.

국외 외래관광객의 1인당 지출액은 약 1,289,261원이며, 이 중 교통비 56,104원, 숙박비 213,862원, 식음료비 212,691원, 영화관람료 8,369원, 유흥비 184,329원, 쇼핑비 613,906원으로 나타났다.

〈표 4-7〉 국외 외래관광객 1인당 지출액(N=112명)

지출항목	1인당 지출액	구성비(%)
교통비	56,104	4.4
숙박비	213,862	16.6
식음료비	212,691	16.5
영화관람료	8,369	0.6
유흥비	184,329	14.3
쇼핑비	613,906	47.6
계	1,289,261	100.0

주) 본 설문조사결과를 이용하여 국외 외래관광객 1인당 평균 지출액을 산출함.

다. 국내 타 지역 외래관광객 1인당 지출액

본 설문조사결과를 토대로 산출한 국내 타 지역(내국인) 외래관광객 총 145명의 1인당 평균 지출액을 분석하였다.

국내 타 지역 외래관광객의 1인당 지출액은 1인당 평균 지출액은 263,696원이며, 이 중 교통비 34,303원, 숙박비 89,291원, 식음료비 40,880원, 영화관람료 12,127원, 유흥비 46,762원, 쇼핑비 40,333원으로 나타났다.

〈표 4-8〉 국내 타 지역 외래관광객 1인당 지출액(N=145명)

지출항목	1인당 지출액	구성비(%)
교통비	34,303	13.0
숙박비	89,291	33.9
식음료비	40,880	15.5
영화관람료	12,127	4.6
유흥비	46,762	17.7
쇼핑비	40,333	15.3
계	263,696	100.0

주) 본 설문조사결과를 이용하여 국내 외지관광객 1인당 평균 지출액을 산출함.

2. 외래관광객 1인당 지출액 및 외래관광객 수 추정

1) 1인당 지출액 추정

메가 이벤트로서 본 연구의 대상인 부산국제영화제 개최에 따른 관광산업의 경제적 파급효과를 분석하기 위하여 먼저 국재영화제에 참가한 외래관광객의 지출항목별 1인당 지출액이 추정되어야 한다.

본 연구에서는 국제영화제 참관을 위해 방문한 외래관광객의 1인당 지출액 추정을 위하여 제10회 부산국제영화제에 참가한 외래관광객에 대한 설문조사를 통하여 지출항목별로 추정하였는데 아래 〈표 4-9〉와 같다.

〈표 4-9〉 외래관광객 1인당 지출액 추정

(단위: 원)

지출항목	외래관광객 형태		국외+국내 외래관광객
	국외 외래관광객	국내 외래관광객[a]	
교통비	56,104	34,303	43,671
숙박비	213,862	89,291	149,332
식음료비	212,691	40,880	111,637
영화관람료	8,369	12,127	10,437
유흥비(문화오락비)	184,329	46,762	106,991
쇼핑비	613,906	40,333	376,024
계	1,289,261	263,696	798,092

주) 설문조사 지출항목 중 기타 비용부문은 용도가 불분명하여 본 연구에서는 배제함.
a 부산지역 외 국내에서 부산을 방문한 관광객임.

〈표 4-9〉에서 보는 바와 같이 부산국제영화제 참관을 위해 부산지역을 방문한 외래관광객(국외 및 국내 부산 외 지역 포함)의 1인당 지출액은 798,092원으로 추정되었으며, 이 중에서 교통비는 43,671원, 숙박비는 149,332원, 식음료비는 111,637원, 영화관람료는 10,437원, 유흥비(문화오락비)는 106,991원, 쇼핑비는 376,024원으로 나타났다.

2) 외래방문객 수 추정

외래관광객의 총지출액을 산출하기 위해서는 1인당 지출액과 함께 부산국제영화제 개최에 따른 부산지역을 방문한 외래관광객 수가 요구된

다. 본 연구에서는 총지출액을 산출하기 위한 외래방문객 수의 추정을
위하여 부산국제영화제조직위원회의 제10회 부산국제영화제 최종 결산보
고서의 외국인 참가자 현황과 문승호(2004)의 자료를 토대로 추정하였는
데 추정된 외래방문객 수는 아래와 〈표 4-10〉과 같다.

〈표 4-10〉 외래방문객 수 추정

구분	국외 외래관광객	국내 외래관광객	국외+국내외래방문객
관광객 수(명)	546[a]	37,054[b]	37,570

자료: 문승호(2004), 「제9회 부산국제영화제 관객조사」, p.10. 거주지 분포 자료를
　　토대로 산출하였음.
주) 2005 부산국제영화제 총유료관람객 수 추정치는 160,683명(PIFF 조직위원회)
a 2005 부산국제영화제 총유료관람객 수 * 2004년도 참가자 중 해외거주자 구성
　비(0.34%)
b 2005 부산국제영화제 총유료관람객 수 * 2002~2004(3개년) 참가자 중 국내 타
　지역 구성비의 평균치(23.06%)

3. 외래방문객 총지출액 추정

　앞서 설문조사를 통하여 추정한 국외 외래관광객과 국내 부산 외 지역
외래관광객의 1인당 지출액에 위 〈표 4-10〉에 나타난 부산국제영화제
참관을 위해 부산지역을 방문한 외래방문객 수의 추정치를 고려하면 총
지출액을 산출할 수 있다. 부산국제영화제 외래관광객의 총 지출액은 약
141억 1,956만 원으로 나타났다. 이 중에서 숙박비가 46억 7,360만 원으
로 가장 높게 나타났으며, 다음으로는 유흥비(28억 3,465만 원), 쇼핑비
(23억 7,624만 원), 식음료비(21억 8,448만 원), 교통비(16억 5,636만 원),
영화관람료(4억 7,023만 원)의 순으로 나타났다.

〈표 4-11〉 부산국제영화제의 총관광지출액 추정

지출항목[a]	외래방문객 구분	1인당 지출액(원)[b]	총지출액(원)[c]	항목별 총지출액(원)
교통비	국외	56,104	30,632,784	1,301,696,146
	국내	34,303	1,271,063,362	
숙박비	국외	213,862	116,768,652	3,425,357,366
	국내	89,291	3,308,588,714	
식음료비	국외	212,691	116,129,286	1,630,896,806
	국내	40,880	1,514,767,520	
영화관람료[c]	외래관광객	10,437	392,118,090	392,118,090[d]
	유료관람객	12,889	600,000,000	600,000,000[e]
유흥비	국외	184,329	100,643,634	1,833,362,782
	국내	46,762	1,732,719,148	
쇼핑비	국외	613,906	335,192,676	1,829,691,658
	국내	40,333	1,494,498,982	
계				10,413,122,848 (10,621,004,758)

a 부산시 내에서의 지출액을 의미함.
b 1인당 지출액은 각 항목별 지출액을 1인 1회 방문기준으로 나눈 금액임. 기준인
 원은 국외 외래관광객은 546명, 국내 부산 외 지역 외래관광객은 37,054명임.
c 총관람객 수 * 유료관람객 수 추정치(80%).
d 외래관광객 수 추정치(37,570명, p94) * 외래관광객 1인당 평균 지출액.
e PIFF조직위원회 및 부산시의 제10회 부산국제영화제 개최결과보고서에서 발췌
 인용.
주) 설문조사 지출항목 중 기타 비용은 제외하였음.

제3절 부산국제영화제에 의한 총경제적 파급효과 분석

1. 외래관광객에 의한 총경제적 파급효과 분석

부산국제영화제 외래관광객의 부산지역 내 지출액이 지역경제 전반에 걸쳐 파급시킨 직간접효과를 분석해 보면 아래 〈표 4-12〉와 같다.

〈표 4-12〉 부산국제영화제 외래방문객에 의한 총경제적 파급효과

구 분	총경제적 파급효과			
	생산파급액 (백만 원)	소득파급액 (백만 원)	고용파급수 (명)	부가가치파급액 (백만 원)
쇼핑업	2,882	284	183	788
음식점업	2,988	577	112	1,246
숙박업	5,177	1,095	96	2,162
관광교통업	1,851	421	66	1,201
문화오락서비스업	2,059	637	185	1,116
영상오락서비스업	712 (1,090)	201 (308)	16 (24)	385 (589)
계	15,669 (16,047)	3,215 (3,322)	658 (666)	6,898 (7,102)

주) '( )' 안의 수치는 총유료관람객의 수입액에 의한 파급효과를 나타냄

1) 생산파급효과

부산국제영화제 기간 동안 외래관광객의 지출액이 직·간접효과를 통하여 부산시 지역경제에 발생시킨 총 생산파급액은 156억 6,900만 원으로 평가되었다.

이 중에서 숙박업이 71억 7,700만 원으로 가장 많은 생산파급효과를 발생시킨 것으로 나타났다. 다음으로는 음식점업(29억 8,800만 원), 쇼핑업(28억 8,200만 원), 문화오락서비스업(20억 5,900만 원), 관광교통업(23억 5,500만 원), 영상오락서비스업(7억 1,200만 원)의 순으로 생산파급효과가 발생한 것으로 나타났다.

또한 제10회 부산국제영화제의 관람수입 추정액 6억 원이 직·간접효과를 통하여 부산지역 경제에 발생시킨 총 생산파급액은 10억 900만 원으로 평가되었다.

<그림 4-1> 부산지역 관광산업별 생산파급액

(단위: 백만 원)

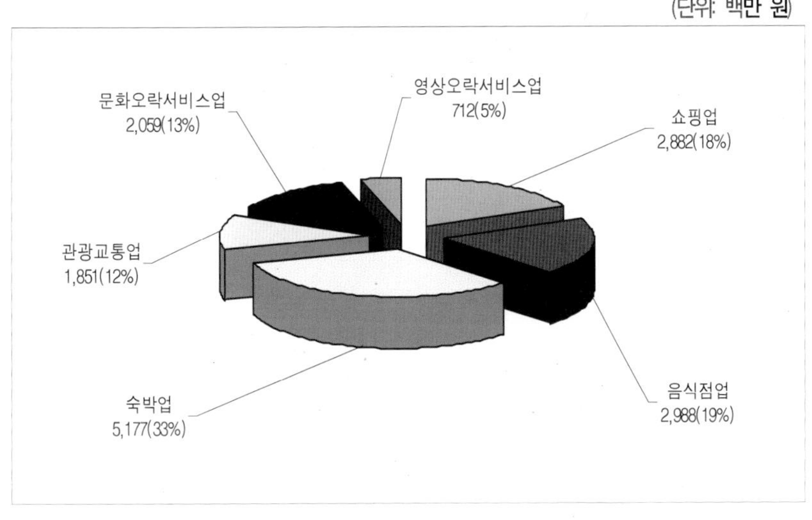

2) 소득파급효과

부산국제영화제 기간 동안 외래관광객의 지출액이 직·간접효과를 통하여 부산시 지역경제에 발생시킨 총 소득파급액은 32억 1,500만 원으로 평가되었다.

이 중에서 숙박업이 10억 9,500만 원으로 가장 많은 소득파급효과를 발생시킨 것으로 나타났다. 다음으로는 문화오락서비스업이 6억 3,700만 원, 음식점업이 5억 7,700만 원, 관광교통업이 4억 2,100만 원, 쇼핑업이 2억 8,400만 원, 영상오락서비스업이 2억 100만 원의 순으로 소득파급효과를 발생시킨 것으로 나타났다.

또한 제10회 부산국제영화제의 관람수입 추정액 6억 원이 직·간접효과를 통하여 부산지역 경제에 발생시킨 총 소득파급액은 3억 800만 원으로 평가되었다.

〈그림 4-2〉 부산지역 관광산업별 소득파급액

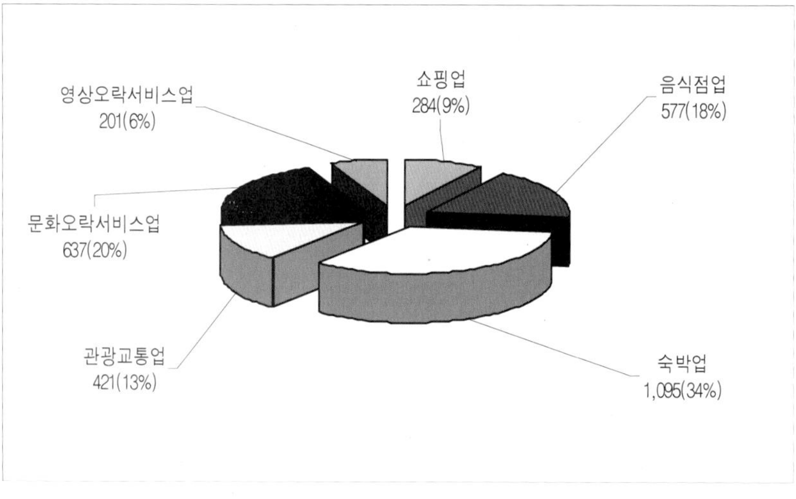

3) 고용파급효과

부산국제영화제 기간 동안 외래관광객의 지출액이 직·간접효과를 통하여 부산시 지역경제에 발생시킨 총 고용파급자 수는 658명으로 평가되었다. 이 중에서 문화오락서비스업과 쇼핑업이 각각 185명과 183명으로 가장 많은 고용파급효과를 발생시킨 것으로 나타났다. 다음으로는 음식점업이 112명, 숙박업이 96명, 관광교통업이 66명, 영상오락서비스업이 16명의 순으로 고용파급효과가 발생한 것으로 나타났다. 여기서 고용자 수는 연간 Full-time 고용을 의미한다.

또한 제10회 부산국제영화제의 관람수입 추정액 6억 원이 직·간접효과를 통하여 부산지역 경제에 발생시킨 총 고용파급자 수는 24명으로 평가되었다.

〈그림 4-3〉 부산지역 관광산업별 고용파급자 수

(단위: 명)

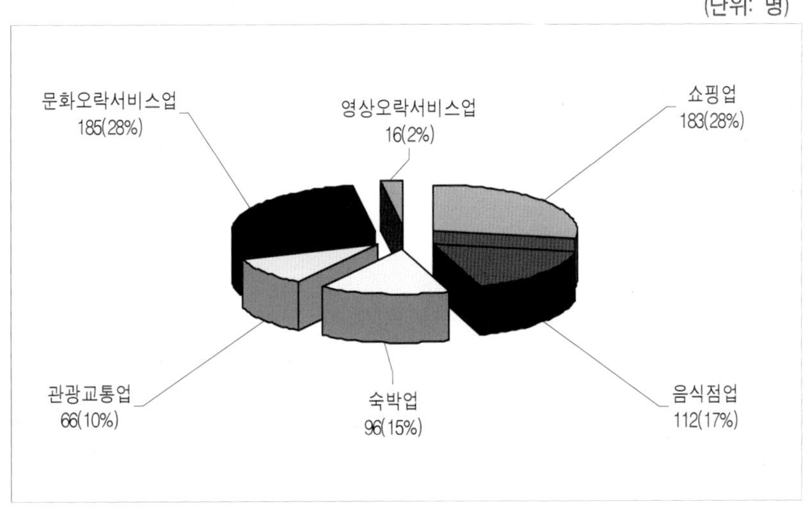

4) 부가가치파급효과

부산국제영화제 기간 동안 외래관광객의 지출액이 직·간접효과를 통하여 부산시 지역경제에 발생시킨 총 부가가치파급액은 68억 9,800만 원으로 평가되었다.

이 중에서 숙박업이 21억 6,200만 원으로 가장 많은 부가가치파급효과를 발생시킨 것으로 나타났다. 다음으로는 음식점업이 12억 4,600만 원, 관광교통업이 12억 100만 원, 문화오락서비스업이 11억 1,600만 원, 쇼핑업이 7억 8,800만 원, 영상오락서비스업이 3억 8,500만 원의 부가가치파급효과를 발생시킨 것으로 나타났다.

또한 제10회 부산국제영화제의 관람수입 추정액 6억 원이 직·간접효과를 통하여 부산지역 경제에 발생시킨 총 부가가치파급액은 5억 8,900만 원으로 평가되었다.

〈그림 4-4〉 부산지역 관광산업별 부가가치파급액

(단위: 백만 원)

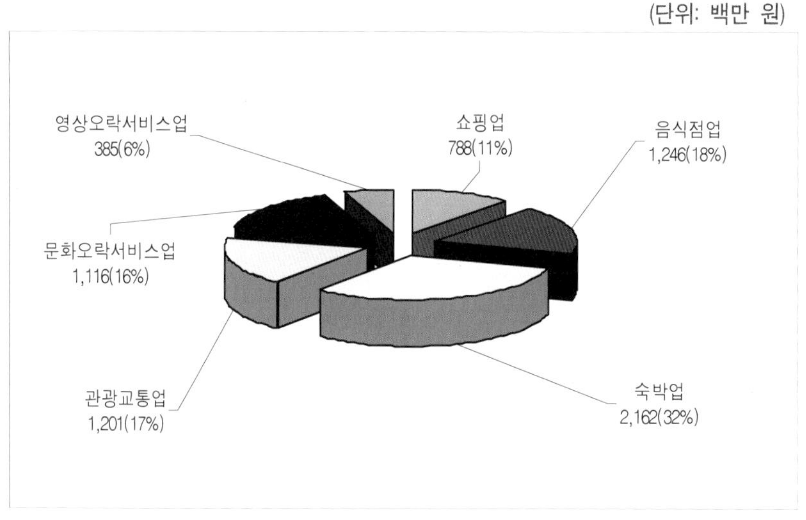

2. 관광산업 부문별 총경제적 파급효과 분석

부산국제영화제 개최에 따른 부산지역을 방문한 외래관광객의 지출에 의하여 각각의 관광산업이 부산지역 경제 전반에 파급시킨 경제적 총파급액은 아래 〈표 4-13〉과 같다.

〈표 4-13〉 산업부문별 총경제적파급액 추정

산업부문	지출액 추정(원)		구분	총파급액 (백만원)
	1인당 평균 지출액	총지출액		
쇼핑업	376,024	1,829,691,658	생산파급액	2,882
			소득파급액	284
			고용파급수(명)	183
			부가가치파급액	788
음식점업	111,637	1,630,896,806	생산파급액	2,988
			소득파급액	577
			고용파급수(명)	112
			부가가치파급액	1,246
숙박업	149,332	3,425,357,366	생산파급액	5,177
			소득파급액	1,095
			고용파급수(명)	96
			부가가치파급액	2,162
관광교통업	43,671	1,301,696,146	생산파급액	1,851
			소득파급액	421
			고용파급수(명)	66
			부가가치파급액	1,201
문화오락 서비스업	106,991	1,833,362,782	생산파급액	2,059
			소득파급액	637
			고용파급수(명)	185
			부가가치파급액	1,116
영상오락 서비스업	10,437	392,118,090	생산파급액	712
			소득파급액	201
			고용파급수(명)	16
			부가가치파급액	385

주) 총외래관광객 수: 국외 546명, 국내 타 지역 37,054명 1인당 평균 지출액은 국외 및 국내 외래관광객 전체 평균치임.

1) 쇼핑업

부산국제영화제 개최에 따른 쇼핑업의 총 획득액 약 18억 2,970만 원이 부산지역 경제 전반에 파급시킨 경제적 총파급효과를 분석해 보면, 총 생산파급액이 28억 8,200만 원, 총 소득파급액이 2억 8,400만 원, 총 고용파급자 수가 183명이며, 총 부가가치파급액은 7억 8,800만 원에 이르는 것으로 나타났다.

2) 음식업

부산국제영화제 개최에 따른 음식업의 총 획득액 약 16억 3,090만 원이 부산지역 경제 전반에 파급시킨 경제적 총파급효과를 분석해 보면, 총 생산파급액이 29억 8,800만 원, 총 소득파급액이 5억 7,700만 원, 총 고용파급자 수가 112명이며, 총 부가가치파급액은 약 12억 4,600만 원에 이르는 것으로 나타났다.

3) 숙박업

부산국제영화제 개최에 따른 숙박업의 총 획득액 약 34억 2,536만 원이 부산지역 경제 전반에 파급시킨 경제적 총파급효과를 분석해 보면, 총 생산파급액이 51억 7,700만 원, 총 소득파급액이 10억 9,500만 원, 총 고용파급자 수가 96명이며, 총 부가가치파급액은 약 21억 6,200만 원에 이르는 것으로 나타났다.

4) 관광교통업

부산국제영화제 개최에 따른 관광교통업의 총 획득액 약 13억 170만 원이 부산지역 경제 전반에 파급시킨 경제적 총파급효과를 분석해 보면, 총 생산파급액이 18억 5,100만 원, 총 소득파급액이 4억 2,100만 원, 총 고용파급자 수가 66명이며, 총 부가가치파급액은 약 12억 100만 원에 이르는 것으로 나타났다.

5) 문화오락서비스업

부산국제영화제 개최에 따른 문화오락서비스업의 총 획득액 약 18억 3,336만 원이 부산지역 경제 전반에 파급시킨 경제적 총파급효과를 분석해 보면, 총 생산파급액이 20억 5,900만 원, 총 소득파급액이 6억 3,700만 원, 총 고용파급자 수는 185명이며, 총 부가가치파급액은 약 11억 1,600만 원에 이르는 것으로 나타났다.

6) 영상오락서비스업

부산국제영화제 개최에 따른 영상오락서비스업의 총 획득액 약 3억 9,212만 원이 부산지역 경제 전반에 파급시킨 경제적 총파급효과를 분석해 보면, 총 생산파급액이 7억 1,200만 원, 총 소득파급액이 2억 100만 원, 총 고용파급자 수는 16명이며, 총 부가가치파급액은 약 3억 8,500만 원에 이르는 것으로 나타났다.

한편, 총 유료관람객의 수입액 약 6억 원의 총경제적 파급효과는 총 생산파급액 10억 9,000천만 원, 총 소득파급액 3억 800만 원, 총 고용파급자 수 24명, 총 부가가치파급액 5억 8,900만 원에 이르는 것으로 나타났다.

3. 총경제적 파급효과에 대한 분석

메가 이벤트로서 제10회 부산국제영화제 개최에 따른 관광산업의 부산 지역에 대한 총경제적 파급효과를 종합해 보면, 〈표 4-12〉에서 보는 바와 같이 총 생산파급액이 156억 6,900만 원, 총 소득파급액이 32억 1,500만 원, 총 고용파급자 수가 658명이며, 총 부가가치파급액은 68억 9,800만 원에 이르는 것으로 나타났다.

또한 관광산업 6개 부문 중에서 숙박업이 총 생산파급액(51억 7,700만 원, 33%), 총 소득파급액(10억 9,500만 원, 34%), 총 부가가치파급액(21억 6,200만 원, 32%)에서 1위를 차지하고 있는 것으로 나타나고 있다. 또한 문화오락서비스업과 쇼핑업이 총 고용파급자 수에서 각각 185명(28.1%), 183명(27.8%)으로 1위와 2위를 차지하고 있는 것으로 나타나고 있다.

관광승수를 고려해 보면, 〈표 4-2〉와 〈표 4-3〉에서 보는 바와 같이 고용승수부문에서 부산지역 전 산업 중 문화오락서비스업이 1위, 쇼핑업이 2위, 음식점업이 3위, 관광교통업이 4위, 영상오락서비스업이 6위를 차지하고 있는 것으로 나타났다. 이는 부산지역에서 관광산업이 매우 높은 고용창출효과를 나타내고 있다는 것을 보여주고 있는 것이라 하겠다.

또한 생산승수에서 음식점업(7위), 영상오락서비스업(9위), 쇼핑업(14위)이 부산지역 전 산업 평균치를 상회하고 있으며, 소득승수에서 쇼핑업을 제외한 영상오락서비스업(4위), 음식점업(9위), 문화오락서비스업(10위), 관광교통업(12위), 숙박업(13위)이 부산지역 전 산업 평균치를 훨씬 상회하고 있는 것으로 나타나고 있다. 그리고 부가가치승수에서 기타 부문을 제외한 부산지역 산업 중 영상오락서비스업이 1위를 차지하고 있는 것으로 나타나 매우 높은 부가가치효과를 갖고 있는 것으로 분석되었다.

한편, 영향력계수에서 관광산업 부문 중 음식점업(1.18, 7위)과 영상오락서비스업(1.17, 9위)이 타 산업에 비교적 큰 영향을 미치는 것으로 나타났으며, 감응도계수에서 음식점업(1.16, 8위)이 비교적 영향을 크게 받는 것으로 나타났다.

위에서 살펴본 바와 같이 부산지역 경제에 있어 관광산업이 차지하는 비중과 경제적 파급효과가 매우 높은 것으로 분석되며, 따라서 고부가가치 외화획득산업으로서 관광산업과 대규모 외래관광객 수요 창출을 위한 메가 이벤트에 대한 부산시의 적극적인 활성화와 지원방안이 강구돼야 할 것이다.

제 5 장

결　　론

제1절 연구의 요약

본 연구에서는 대규모 외래방문객 수요를 창출할 수 있는 문화행사로서 메가 이벤트(Mega-Event)인 부산국제영화제 개최에 따른 관광산업이 지역경제에 미치는 파급효과를 분석하기 위하여 지역경제 구조의 종합적인 분석을 통하여 부산지역 내 다른 산업부문들과 관광산업의 상호관계와 이러한 관계 속에서 관광산업의 경제적 효과 파악이 용이한 지역산업연관모형을 이용하였다.

구체적인 연구방법은 다음과 같다.

첫째, 전국산업연관표로부터 관광산업을 분류 및 통합하였다.

여기에서 관광산업부문을 산업연관표상에서 어떻게 분류 또는 통합할 것인가가 중요하다. 이 점에 대해서는 국내 여러 학자에 의해 제기되고 있는데, 관광산업에 대한 표준적인 분류방법은 공식적으로 체계화되어 있지는 않지만 몇몇 연구에서 관광관련 산업들에 대한 분류방법들이 제시되고 있다.

본 연구에서는 선행연구들에 대한 검토를 통하여 한국은행에서 2003년 발간한 「2000 산업연관표」 중 생산자거래표와 수입거래표를 이용하여 비경쟁수입형표인 국산거래표를 도출하고, 산업연관표의 404부문으로부터 지출항목을 토대로 숙박업, 음식점업, 쇼핑업, 관광교통업, 문화오락서비스업, 영상오락서비스업 등 6개 부문으로 관광산업을 세분화하였으며, 나머지 일반산업부문은 27개 부문으로 통합하여 분류하였다.

둘째, 부산지역산업연관표를 작성하였다.

지역산업연관표를 작성하는 방법에는 크게 직접조사법과 간접조사법이 있는데, 전자의 경우에는 정확도는 높을 수 있지만, 많은 시간과 예산이 소요된다는 단점이 있다. 후자의 경우에는 전국산업연관표와 지역생산액 자료 등을 토대로 지역산업연관표를 도출하는 방법으로 시간과 예산이 비교적 적게 든다는 장점이 있다. 이러한 차원에서 부산지역의 지역산업 연관표를 작성하는 방법으로는 전국산업연관표에 의해 지역산업연관표를 작성하는 간접조사법(non-survey method)으로 하였다.

또한 간접조사법에 의한 지역산업연관표 작성에 있어 중요한 부분이 투입계수를 산출하는 것인데, 투입계수를 산출하는 방법에는 가중치에 의한 수정방법(Weighting Method), 입지계수법(LQ: Location Quotient Method), 공급수요균형법(Supply-Demand Pool Method), 지역구매계 수법(Regional Purchase Coefficient Method), 양비례조정법(Bipropor-tional Adjustment Method, RAS Method), 부분조사법(Partial Survey Method), 혼합방법(Hybrid Method) 등이 있으나(이춘근, 1993) 이 중에서 실용성이나 효율성 차원에서 입지상계수법이 많이 활용되고 있어(이강욱·최승묵, 2003) 본 연구에서도 이 방법을 활용하였다.

따라서 먼저 통합된 전국산업연관표로부터 투입계수행렬(33×33)을 도출한 후 도출된 전국투입계수에 입지상계수법을 통하여 도출된 계수를 고려하여 지역투입계수표를 작성한다. 여기서 대상지역은 본 연구의 공간적 대상인 부산지역을 대상으로 하며, 단일지역산업연관표를 작성하였다.

셋째, 도출된 지역산업연관표를 이용하여 관광산업의 생산승수, 소득승수, 고용승수, 부가가치승수를 도출하였다.

여기서 관광승수는 개방형 산업연관표를 토대로 도출되므로 직접효과와 간접효과를 나타낸다. 또한 각 산업의 영향력계수와 감응도계수를 도출하여 영향력 및 감응도 정도를 비교·분석하여 관광산업의 위상을 정립하였다.

넷째, 도출된 관광승수와 부산국제영화제 참가자 1인당 지출액을 고려하여 관광산업의 총경제적 파급효과를 측정하였다.

여기서 영화제참가자의 1인당 지출액의 도출을 위하여 설문조사를 실시하였다. 자료수집 방법은 일정한 교육을 받은 부산국제영화제조직위원회 직원 및 조사원들이 영화제에 참가한 게스트 및 일반관람객들을 대상으로 준비된 자기기입식(Self-administered) 설문지를 배포한 후 그 자리에서 회수하는 Intercept Interview의 방법을 선택하였다. 설문조사 기간은 선행연구를 기초로 작성한 설문지로 제10회 부산국제영화제 개최기간인 2005년 10월 10일부터 10월 14일까지 시행하였다. 아울러 설문조사를 통하여 도출된 1인당 지출액을 통하여 외래방문객의 총지출액을 산출한 후 각각의 지출액이 부산지역에 미친 총경제적 파급효과를 분석하였다.

제2절 결론 및 시사점

본 연구의 목적은 지역산업연관모형을 이용하여 부산지역 관광승수를 도출하고, 대규모 이벤트 또는 문화행사로서 부산국제영화제의 개최에 따른 관광산업의 기여도와 영향력 등을 분석하는 데 있다. 본 연구의 분석결과는 부산지역에 있어 대규모 문화행사 개최가 지역경제에 미치는 경제적 파급효과를 평가할 수 있는 기초자료를 제공한다는 점에서 의미 있는 연구라고 생각한다. 또한 이러한 연구결과는 부산지역 관광정책을 수립하고 실행하는 데 객관적 지표로 활용될 수 있을 것이다.

부산지역의 관광승수를 분석한 결과 생산승수는 음식점업, 영상오락서비스업, 쇼핑업이 전 산업 평균치를 웃도는 반면, 숙박업, 관광교통업, 문화오락서비스업은 전 산업 평균치를 다소 밑도는 것으로 나타났다. 소득승수는 쇼핑업을 제외한 대부분의 관광부문이 전 산업 평균치를 상회하거나 비슷하게 나타나고 있는데, 이는 관광산업이 다른 산업과 비교해 볼 때 부산지역 주민을 위한 소득창출효과가 매우 높다는 것을 의미한다. 특히, 영상오락서비스업이 가장 높으며, 전 산업 중 4위를 차지하고 있다.

고용승수의 경우 관광부문 중 숙박업을 제외한 모든 산업이 전 산업 평균치를 훨씬 상회하는 것으로 나타나고 있으며, 문화오락서비스업이 1위를 차지하고 있는 등 숙박업을 제외한 5개 부문이 상위 6위 안에 위치하고 있다는 점에서 부산지역 내 고용창출효과가 매우 높다는 것을 설명해 주고 있다. 부가가치승수는 영상오락서비스업이 기타 부문을 제외한 부산지역 전 산업 중 1위를 차지하고 있으며, 관광교통업과 음식점업이 부가가치가 비교적 뛰어난 것으로 나타났다.

또한 입지상계수를 분석한 결과 숙박업, 섬유 및 가죽제품업, 영상오락서비스업, 도매업, 음식점업, 금속제품업 등의 순으로 특화 정도가 높은 편으로 나타났으며, 타 산업과 비교해 볼 때 부산지역 관광산업의 특화 정도는 다소 높은 것으로 나타났다. 관광산업 중에서는 숙박업, 영상오락서비스업, 음식점업 그리고 쇼핑업의 특화 정도가 높은 것으로 나타난 반면, 관광교통업, 문화오락서비스 등의 특화 정도는 낮은 것으로 나타났다. 이러한 분석결과는 관광산업의 발전가능성과 함께 현재 부산지역의 관광산업은 전국에 비하여 특화될 수 있다는 것을 시사해 주고 있다.

한편 영향력계수에서 음식점업 및 영상오락서비스업과 쇼핑업이, 감응도계수에서 음식점업이 '1' 이상으로 분석되어 부산지역에서 중요한 위치를 차지하고 있는 것으로 나타났다. 이러한 분석결과들은 부산관광정책의 방향이 관광인프라를 구축하는 것을 기본방침으로 하는 동시에 효율적이고 현실적인 발전을 위해서 전방연쇄효과와 후방연쇄효과가 높은 음식점업과 영상오락서비스업을 중심으로 육성해야 한다는 것을 시사해 주고 있다.

제10회 부산국제영화제 개최에 따른 관광산업의 총경제적 파급효과를 분석한 결과 총 생산파급액이 156억 6,900만 원, 총 소득파급액이 32억 1,500만 원, 총 고용파급자 수가 658명이며, 총 부가가치파급액은 68억 9,800만 원에 이르는 것으로 나타났다. 이는 부산지역 내 관광산업의 비중과 경제적 파급효과가 매우 큰 산업이라는 점을 설명해 주고 있다는 것이다. 또한 지방자치시대에 있어 각 지방마다 개최하고 있는 각종 메가 이벤트 또는 문화행사가 각 지역의 경제에 미치는 파급효과가 매우 높다는 점에서 각 지자체들의 메가 이벤트 및 그에 따른 관광산업의 육성과 지원에 보다 많은 관심과 노력이 요구된다 하겠다.

본 연구에서는 각종 통계자료들을 이용하여 지역산업연관표를 작성함에 있어서 선행연구들을 통해 인정된 공식적인 통계자료들을 사용하였지만, 연구진행과정에서 통계자료들마다 분류방식이 상이하고 수치의 일관성 문제가 발생하였다. 또한 이번 부산국제영화제 외래관광객의 1인당 지출구조 파악을 위하여 실시한 설문조사의 경우 언어권별 외래관광객 특성의 상이성과 정확한 1인당 지출액 추정의 불가능하다는 점에서 이번 연구의 한계성을 내포하고 있다.

따라서 향후 연구에서는 신뢰성 있는 자료 확보가 가장 중요한 과제로 떠오른다. 한국은행과 같은 중앙기관에서 주도적인 역할을 하면서 점진적으로 해결해 나가도록 해야 할 것이며, 미국의 IMPLAN과 같이 국가적 차원에서 체계적인 지역산업연관표를 작성하여 소프트웨어로 제공할 수 있도록 한국은행과 같은 중앙기관에 대한 정부 또는 지자체의 지원과 정책이 무엇보다도 요구되고 있다 하겠다. 또한 현재 세계관광기구, OECD, WTTC 등에서 연구하고 있는 관광위성계정(tourism satellite account)과 연계하여 수요측면과 공급측면을 모두 고려한 관광비(tourism ratio)를 산출하고 이를 산업연관표에 반영함으로써 관광승수의 정확도를 향상시키는 연구가 이루어져야 할 것이다.

참고문헌

1. 국내 문헌

강광하(1985). 「산업연관분석론」. 비봉출판사.

강광하(2000). 「산업연관분석론」. 연암사.

강원개발연구원(2000). 「강원지역 산업연관분석 연구」.

경기개발연구원(2004). 경기도 지역산업연관분석과 모형개발에 관한 연구. 「정책연구 2004-26」.

경남개발연구원(1994). 「경남의 산업연관모형개발」.

고석남·곽철홍(1995). 비조사법에 의하여 작성되는 지역산업연관표의 정확성 평가. 「사회과학연구」. 경상대학교 사회과학연구소.

고종환·김현용(1996). 「부산지역 산업연관모형」. 부산발전연구원.

고영구(1996). 지역투입산출모형의 작성과 활용에 관한 연구: 충북 청주과학산업단지의 개발효과분석을 중심으로. 중앙대학교 박사학위논문.

교통개발연구원(1992). 「관광산업 영향평가에 관한 연구」.

국제신문(2005.7.12). 시론: 부산 영상산업도시에 희망 건다

국토개발원(1982). 「지역산업연관분석을 위한 기초연구」.

국토개발원(1983). 「지역산업연관표작성방안연구」.

국토개발원(1986). 「산업기지 개발사업이 지역개발에 미치는 효과 분석」.

권경상(1984). 외화획득산업으로서 관광산업의 국민경제파급효과 분석연구. 서울대학교 환경대학원 석사학위논문.

권경상(1989). 외화획득산업으로서 관광산업의 국민경제에 대한 파급효과의 분석 —'80년대 초를 중심으로 —. 「관광연구논총 제1집」: 93-112.

권경상(1994). 한국 관광산업의 상대적 우위평가에 관한 연구 —경제적·환경적 파급효과를 중심으로 —. 한양대대학원 박사학위논문.

권호영·조진영(1997). 국내 미디어 산업의 산업연관분석. 1980~1993. 「한국언론학보」. 제42-1호 / 가을호: 48-105.

김규호(1997). 관광산업의 지역경제적 효과분석 —경주지역에 대한 지역산업연관모형의 적용. 경기대 대학원 박사학위논문.

김규호(2002). 문화행사가 지역경제에 미치는 효과분석: 경주지역에 대한 애드—혹 소득승수 추정을 중심으로. 「관광학연구」. 26(3): 53-72.

김규호·김사헌(1998). 지역산업연관모형에 의한 관광산업의 경제적 효과분석 —경주지역을 중심으로 —. 「관광학연구」. 22(1호): 151-171.

김남조(1998). 산업연관분석에서 산업통합 방법에 의한 관광승수의 비교분석. 「관광학연구」, 22(1): 172-188.

김동진(1994). 한국측정기기산업의 경제적 파급효과에 관한 연구 —산업연관분석모형을 통하여. 청주대학교 박사학위논문.

김봉철(2001). 한국 광고산업의 성장요인 및 경제적 파급효과에 관한 연구 —「'85-'90-'95 접속불변산업연관표」를 이용한 산업연관분석—. 한양대학교대학원 박사학위논문.

김사헌(1982). 관광개발과 지역경제편익 분석—관광승수개념의 적용을 통하여. 「관광학연구」, 6: 한국관광학회.

김사헌(2001). 「관광경제학」. 백산출판사.

김사헌(2003). 「관광경제학」. 백산출판사.

김상호(2002). 2002년 월드컵 개최가 광주시에 미치는 경제적 파급효과. 경북대, 산업연관분석 Workshop.

김석중(1999). 강원지역 산업연관분석. 「연구보고99-07」, 강원개발연구원.

김성섭·이강욱(2002). 국제회의산업의 경제적 파급효과. 「관광학연구」, 25(4): 109-126.

김영재·여택동·이춘근(2003). 대구지역 산업연관모형에 의한 산업구조분석: 섬유산업과 성장유망산업을 중심으로. 「경제연구」, 21(4).

김영표(2000). 지역산업연관표 작성과 경남경제 분석에 관한 연구. 경남대학교 박사학위논문.

김우곤(1997). 국내 컨벤션산업의 현황 및 경제파급효과에 관한 연구. 「호텔관광경영연구」, 제12집: 79-110.

김철원(1991). 산업연관분석을 통한 관광산업의 경제적 효과 고찰. 연세대학교 경영대학원 석사학위논문.

김태보(1990). 제주경제의 구조적 특성과 성장 전망: 지역산업연관분석을 중심으로. 중앙대학교, 박사학위논문.

김한주(2004). 관광교통업의 경제적 파급효과 분석: 산업연관모델을 중심으로. 한국항공경영학회, 2(2): 19-26.

김호언(1986). 투입·산출모형에 의한 지역경제 구조분석. 연세대학교 대학원 박사학위논문.

김휴종(2003). 「부산국제영화제의 경제적 효과분석」. 추계예술대학교 문화산업대학원.

남찬기·최충범·김정민·권대현·신용도(2000). 우편사업의 국민경제적 기여도 분석. 정보통신정책연구원.

대전광역시(2001). 「대전지역 산업연관분석」.

류광훈(2000). 산업연관표를 이용한 관광산업의 성장요인 분석. 「관광학연구」, 24(1): 165-182.

문승호(2004). 「제9회 부산국제영화제 관객조사」.

문화관광부·한국관광연구원(2000). 「한국 관광위성계정 개발」.

박상규(1999). 지역축제의 사회적·경제적 파급효과와 전략적 과제 ― 2002 삼척동굴 박람회 개최를 중심으로. 「경영과학연구」, 제23집: 35-53.

박중환(2003). 부산지역 주요 영화 촬영지에 대한 관광자원학적 이미지 분석과 PPL(product placement) 전략. 「관광·레저연구」, 14(3): 157-173.

박천일·신홍균·안석환·안재경·이덕주(1999). 위성방송의 경제적 파급효과 분석 및 방송산업 구조조정 방향에 관한 연구. 「정보사회연구」, 11(1).

부산광역시(2002). 「2002년 부산방문 외래관광객 실태조사 결과보고서」.

부산광역시(2002). 「1998~200 부산경제백서」.

부산광역시(2002). 「2002기준 광공업통계조사보고서」.

부산광역시(2004). 「제1차 지역혁신발전 5개년 계획(안)」.

부산광역시(2005). 「아시아 최고의 영화·영상산업도시 부산」.

부산광역시(2005). 「주요통계지표」, www.busan.go.kr

부산국제영화제조직위원회(2005). 「PIFF 자료실」. www.piff.org

부산발전연구원(1996). 「1992년 부산지역 산업연관표」.

부산발전연구원(2003). 「메가 이벤트의 지역경제 효과분석 모델 구축」.

부산발전연구원(2003). 「2005 APEC 정상회의 부산유치 개최여건 및 파급효과」.

부천시(2004). 「2004 PiFan & PISAF 방문객 평가와 지역경제 파급효과 분석」.

서정교(2001). 「관광 경제학 입문」. 한울출판사.

서정헌·손대현(2001). 산업연관표에서 관광을 산업으로 규정하는 새로운 접근. 「관광학연구」, 25(1): 9-26.

손태환(1997). 관광산업의 산업연관분석: 아·태지역 연구의 비교를 중심으로. 「관광학연구」, 21(1): 194-211.

안종윤·손대현·이연택·이충기(1995). 한국관광산업의 경제적 파급효과 분석에 관한 연구 ― 산업연관모델을 중심으로 ―. 「한국행정학보」, 29(1): 123-142.

오순환(1999). 지역축제의 실제와 경제적 효과 ― 이천 도자기축제를 중심으로. 「관광학연구」, 22(3): 202-221.

윤영선·안정화(1993). 건설활동의 지역경제 파급효과분석 ― 지역산업연관분석 ―. 「국토연 93-10」. 국토개발원.

이강욱(1997). 「관광개발이 지역경제에 미치는 파급효과」. 한국관광연구원.

이강욱·류광훈(1999). 「관광산업의 경제적 파급효과」. 한국관광연구원.

이강욱·최승묵(2003). 관광산업의 지역경제 기여효과 분석. 한국문화관광정책연구원. 「2003 기본연구, 2003-13」: 21-23.

이성근·이춘근(1999). 경주문화엑스포의 경제적 파급효과 분석. 「새마을·지역개발연구」, 제24집: 27-45.

이익주(2003). 부산영화제와 영상산업 발전 방향. 부산광역시.

이재기(2000). 산업연관분석을 이용한 전파통신산업의 산업파급효과 분석. 「중소기업연구」, 22(2). 정보통신정책학회.

이종철(1991). 산업연관분석 모형을 통한 지역경제 분석. 「충북개발연구」, 충북개발원.

이춘근(1993). 「지역산업연관모형의 추정방법과 대구지역에의 적용」. 대구경북개발연구원, p.35-51.

이충기(1999). 2002월드컵 개최에 따른 관광산업의 경제적 파급효과 분석. 「관광학연구」, 22(3): 73-92.

이충기(2003). 「관광응용경제학」. 일신사.

이충기(2003). 월드컵 외국인방문객의 실제 관광 지출액 추정과 그에 따른 경제적 파급효과 분석. 「관광학연구」, 26(4): 11-26.

이충기(2004). 「2004 영주 풍기인삼축제 방문객 조사·경제적 효과분석·종합평가」. 풍기인삼축제 추진위원회·영주시.

이충기(2005). 「해남화원관광단지 경제적 파급효과 분석」. 한국관광공사.

이충기·문석웅(2004). CGE 모델의 시뮬레이션기법을 이용한 관광산업의 경제적 효과분석: 월드컵 사례를 중심으로. 「관광학연구」, 28(3): 261-281.

이충기·박창규(1996). 한국카지노산업의 경제적 파급효과분석—산업연관모델을 중심으로. 「관광학연구」, 19(2). 한국관광학회.

이충기·송학준·고종화·고민경(2005). 지역산업연관모델을 이용한 전남관광산업의 경제적 위상 분석. 「관광연구」, 20(2): 19-34.

이충기·정기호(2002). Tourism Ratio를 적용한 관광산업의 산업연관분석. 경북대. 산업연관분석 Workshop.

이희재(2000). 안동국제탈춤페스티벌이 지역경제에 미치는 영향. 「안동개발연구」, 제11집: 153-185.

이희찬(2001). 메가 이벤트의 지역경제 효과 추정방법 연구—2000 광주비엔날레를 사례로—. 「관광학 연구」, 25(2): 155-176.

임광선·안희배·최상재(1997). 정보통신산업의 파급효과분석. 한국전자통신연구원.

임명환(1990). 산업연관분석을 통한 정보통신산업의 파급효과분석. 한국전자통신연구소.

임명환(1994). 산업연관분석을 통한 정보통신산업의 위치와 파급효과 분석(상), (하). 「경영과 기술」. 한국통신.

정강환·이경희(2002). 2001 대전 사이언스 페스티벌의 경제적 파급효과. 「사회과학연구」, 제21집: 121-130. 배재대 사회과학연구소.

정의선(1990). 한국관광산업의 구조와 관광수출입함수. 세종대학교대학원 박사학위논문.

정준무(1994). 관광개발이 지역개발에 미치는 영향에 관한 연구: 제주지역 산업연관모형의 개발과 투자방안을 중심으로. 서울대학교 박사학위논문.

제주발전연구원(1999). 「제주지역의 산업연관모형 개발」.

조광익·임재영(1999). 관광투자와 지역의 성장: MRIO 모형의 적용. 「관광연구논총」, 제11호: 27-44. 한양대관광연구소.

조광익·임재영(2001). MRIO모형과 관광산업의 경제 파급효과: 강원지역을 중심으로. 「관광학연구」, 24(3): 209-229.

조명환(2000). 「문화관광론」. 백산출판사.

조병훈(2000). 1998 경주세계문화엑스포의 경제적 효과 분석. 「한국행정논집」, 12(4): 763-780.

조현순(1991). 외래관광객지출의 국내경제 파급효과에 관한 연구. 세종대학교대학원 박사학위논문.

조현순·손태환(1992). 외래관광객 지출의 국내경제 파급효과에 관한 연구. 「관광학연구」, 16. 한국관광학회.

주수현·이선영(2004). 부산지역 경제구조 및 산업연관분석—2000년 부산지역 산업연관표를 중심으로. 「경제연구」, 22(1).

최승남·김남조(2002). 관광비와 다지역 산업연관표를 이용한 관광산업의 지역 간 연관분석. 「관광학연구」, 25(4): 143-160.

충북개발연구원(2000). 「투입산출모형을 이용한 충북지역 산업구조 분석: IT·BT산업을 중심으로」.

통계청(2000). 「사업체기초통계결과」. //kosis.nso.go.kr

하성균·허재완(1990). 주택투자의 지역경제 파급효과 분석: 부산시 사례를 중심으로. 「국토계획」, 25(1): 1045-1065.

한국개발연구원(2000). 「문화·관광·체육·과학부문사업의 예비타당성조사 표준지침 연구」.

한국관광공사(1993). 「관광산업의 국민경제 파급효과에 관한 투입-산출분석연구」.

한국관광연구원(1997). 「관광개발이 지역경제에 미치는 파급효과」.

한국관광협회중앙회(2005). 「2005년 7월1일자 사업체현황」. www.koreatravel.or.kr

한국방송개발원(1995). 「방송산업의 구조분석 및 개선방안 연구: 미디어산업의 연관 분석을 중심으로」.

한국은행(2001). 「1998년 산업연관표(연장표)」.

한국은행(2003). 「2000년 산업연관표」.

한국은행 부산본부(2005). 「부산국제영화제와 부산경제」.

홍기용(1995). 「지역경제론」. 박영사.

홍동표·김용규·정시연(1999). 산업연관표를 이용한 정보통신산업의 경제효과 분석. 「정보통신정책연구」, 6(1).

홍동표·박성진(1997). 산업연관분석을 이용한 정보통신산업분석. 「정보통신정책 ISSUE」, 9(10). 정보통신정책연구원.

홍동표·정시연(1998). 산업연관분석을 이용한 정보통신산업의 국민 경제적 기여도 분석(1985~1995). 「정보통신정책 ISSUE」, 10(12). 정보통신정책연구원.

2. 외국 문헌

Archer, Brian(1973), The Impact of Domestic tourism, *Bangor Occasinal Papers in Economics No.2*, University of Wales Press.

Archer, B.(1995), Importance of tourism for the economy of Bermuda. *Annals of Tourism Research*, 22(4), 918-930.

Burgan, B. & Mules, T.(1992). Economic impact of sporting events. *Annals of Tourism Research*, 19(4): 700-710.

Chenery, H. B.(1953), Regional Analysis. in H. B. Chenery, P. G. Clark, and V. Cao-Pinna(eds), *The Structure and Growth of Italian Economy*. Rome: U.S. mutual Security Agency, 1953, pp.97-116.

Deepak, C., Erin, S. and Frederick, W. C.(2003), The significance of festivals to rural economies: Estimating the economic impacts of scottish highland games in North Carolina. *Journal of Travel Research*, 41(4), 421-427.

Della, B., Albert, J., Loudon, D., Geoffrey, D. & Weeks, R.(1977). Estimating the economic impact of a short-term tourist event. *Journal of Travel Research*, 16(2): 10-15.

Erbes, Robert(1973), *International Tourism and the Economy of Developing Countries*, Paris, OECD.

Fletcher, John E.(1989). Input-output analysis and tourism impact studies. *Annals of Tourism Research*, 16(4): 514~529.

Gets, Donald(1997), *Event Management and Event Tourism*. Cognizant Communication Corporation.

Habibullah Khan, Cho Fee Seng, and Wong Kwei Cheng(1990), Tourism Multiplier Effects on Singapore, *Annals of Tourism Research*, Vol.17, No.3

Harmston, K. Floyd(1960), Indirects of Traveller Expenditures in a Western Community, *Dude Rancher*.

Harmston, K. Floyd(1969), The Importance of 1967 Tourism to Missouri, *Business and Government Review*, 10(3): 5-12

Heng, Toh Mun and Linda Low(1990), Economic Impact of Tourism in Singapore, *Annals of Tourism Research*, Vol.17, No.2.

Hurley, A., Archer, B. & Fletcher, J.(1994). The economic impact of european community grants for tourism in the republic of island. *Tourism Management*, 15(3): 203-211.

Hyun, Jin-Kwon(1992), *The Economic Impact of International Tourism in Korea*, Korea Transport Institute.

Isard, Walter(1951), Interregional and Regional Input-Output Analysis: A Model of a Space-Economy. *Review of Economics and Statistics*, 33(Nov).

IUOTO(1975), *The Impact of International Tourism on the Economic Development of the Developing Countries*, Madrid.

John, M. Bryden(1973), *Tourism and Development*, Cambridge Univ. Press.

Johnson, R. L. and Moore, E.(1993), Tourism impact estimation, tourism research. *Annals of Tourism Research*, 20(2), 279-288.

Kang, Y. S. & Perdue, R.(1994). Long-term impact of a mega-event on international tourism to the host country: a conceptual model and the case of the 1988 Seoul olympics. *Journal of International Consumer Marketing*, 6(3/4): 205-225.

Keynes, J. M.(1933), The Multiplier, *The New Stateman and Nation*, 1(April)

Khan, R. F.(1931), The Relation of Home Investment to Unemployment. *Economic Journal*, 41.

Lee, Choong-Ki(1992), The Economic Impact of International Inbound Tourism on the South Korean Economy and It's Distributional Effects on Income Classes, A Ph.d. Dissertation, Texas A&M University, College Station.

Lee, Choong-Ki(2001). Review of the past '88 Seoul olympics: estimating the economic impact of a mega-event. *Korean Journal of Hotel Administration*, 10(2): 83-100.

Lee, Choong-Ki & Kwon, Kyung-Sang(1995). Importance of Secondary Impact of Foreign Tourism Receipts on the South Korea Economy. *Journal of Travel Research*, 34(2): 50~54.

Lee, Choong-Ki & Kwon, Kyung-Sang(1997). The economic impact of the casino industry in South Korea. *Journal of Travel Research*, 36(1): 52-58.

Leontief, Wassily W.(1953), *The Structure of American Economy 1919~1939*. New York: Oxpord University Press. pp.93-115.

Leontief, W.(1966). *Input-Output Economics*, New York NY: Oxford University.

Long, P. & Perdue, R.(1990). The economic impact of rural festivals and special events: assessing the spatial distribution of expenditures. *Journal of Travel Research*, 28(4): 10-14.

Miernyk, W.(1965). *The Elements of Input-Output Analysis*. New York: Random House.

Moses, L. M. The Stability of Interregional Trading Patterns and Input-Output Analysis, *American Economic Review*, Vol. XLY No.5, 1955, pp.803-832.

Moore F. T. and Peterson J. W.(1955), Regional Analysis: An Interindustry Model of Utah, *The Review of Economics and Statistics*, Vol.57

Murphy, P. & Carmichael, B.(1991). Assessing the tourism benefits of an open access sports tournament: the 1989 b. c. winter games. *Journal of Travel Research*, 29(3): 32-36.

Pyo, S. S., Cook, R. & Howell, R.(1988). Summer olympic tourist market: learning from the past. *Tourism Management*, 9(2): 137-144.

Richardson, Harry W.(1985), Input-Output and Economic Base Multipliers: Looking Backward and Forward, *Journal of Regional Science*, Vol.25: 607~661.

Ritchie, J. R. Brent(1984). Assessing the Impact of Hallmark Events: Conceptual and Research Issues. Journal of Travel Research, 22(4), 2~11.

Ruiz, A.(1985). Tourism and the economy of Puerto Rico: an input-output approach. *Tourism Management*, 6(March): 61-65.

Ryan, Chris(1991), *Recreational Tourism: A Social Science Perspective*. London: Routledge.

Schaffer, W. and K. Chu(1969), Non-Survey Techniques for Constructing Regional Interindustry Models, *Papers and processing of the Regional Science Association*, Vol.23

Smith, S.(1988). Defining tourism: a supply-side view. *Annals of Tourism Research*, 15(2): 179-190.

Song, Byung-Nark & Choong-Young Ahn, The Economic Impact in Korea, Tourism Asia & The Economic Impact edited by E. A. Pye & T. Lin. Singapore University Press for The International Development Research Center, 101-172.

Strang, W. A.(1970), *Recreation and the local economy*, Madison: University of Wisconsin Sea Grant Program.

Tiebout, C. M.(1962), The Community Economic Base Study, *Supplementary Paper No.16*, Committee for Economic Development, New York.

United Nations(1990). *Guidelines on Input-Output Analysis of Tourism*. Economic and Social Commission for Asia and the Pacific, NY.

Zhou, D., J. F. Yanagida, U. Chakravorty and P. Leung(1997), Estimating Economic Impacts from Tourism. Annals of Tourism Research, 24(1): 76-89.

부　　록

1. 전국국산거래표

(단위: 백만 원)

번호	부문명칭	1 농림수산품	2 광산품	3 음식료품	4 섬유 및 가죽제품	5 목재 및 종이제품	6 인쇄, 출판 및 복제	7 석유 및 석탄제품
1	농림수산품	1594306	4919	20818442	9434	79958	6	0
2	광산품	806	0	23660	1677	10290	0	44597
3	음식료품	3881261	0	5480800	92178	20393	135	778
4	섬유 및 가죽제품	108740	910	26094	11499789	75714	18110	4971
5	목재 및 종이제품	249586	18423	894478	375992	4381714	2460406	8728
6	인쇄, 출판 및 복제	14613	1362	91774	110861	62232	970655	36645
7	석유 및 석탄제품	970695	161063	552387	591430	294779	85602	1339314
8	화학제품	2403097	34592	1570222	5890797	861622	437641	429697
9	비금속광물제품	11946	874	358562	25725	66414	1802	17361
10	제1차금속제품	32994	3906	15618	11734	18749	1655	40036
11	금속제품	27594	6656	724719	147359	61411	7624	218010
12	일반기계	181974	24873	101649	133965	84708	51203	167932
13	전기 및 전자기기	66177	9087	21149	38788	27005	40442	29651
14	정밀기기	30547	239	6009	5043	5039	2860	28046
15	수송장비	105836	44784	41253	24784	23944	24454	14399
16	가구 / 기타 제조업	3602	398	118766	174819	4835	672	1298
17	전력, 가스 및 수도	117876	100019	440548	674660	518101	77161	428164
18	건설	26415	5399	28363	31782	8471	1657	8487
19	도매	182423	7990	1053218	682188	360042	217592	79867
20	쇼핑업	265550	10543	1028206	682670	128358	121422	37599
21	음식점업	0	0	0	0	0	0	0
22	숙박업	0	0	0	0	0	0	0
23	운수 및 보관	158253	24844	498259	444893	197633	73004	249738
24	관광교통업	35481	10124	118195	163660	42562	117131	37461
25	통신 및 방송	114307	12111	159555	242536	107556	152550	99543
26	금융 및 보험	875416	159200	724837	1001565	469149	212430	356744
27	부동산 / 사업서비스	1387416	201460	1660922	1355585	432380	801107	485068
28	공공행정 및 국방	0	0	0	0	0	0	0
29	교육 및 보건	96405	5043	214229	185612	71065	35523	100736
30	문화오락서비스	0	0	0	0	0	0	0
31	영상오락서비스	0	0	0	0	0	132361	0
32	기타 사회서비스	30583	6185	59421	85335	23832	13089	32469
33	기타	446335	92187	639838	1119691	255409	362391	255071

(단위: 백만 원)

번호	부문명칭	8 화학제품	9 비금속 광물제품	10 제1차 금속제품	11 금속제품	12 일반기계	13 전기 및 전자기기	14 정밀기기
1	농림수산품	151096	74	32	87	2	0	23
2	광산품	95288	1630603	232646	3314	8996	26009	290
3	음식료품	285926	565	0	30	195	557	0
4	섬유 및 가죽제품	334812	30722	20400	20582	41908	97869	18949
5	목재 및 종이제품	633638	220113	56958	163792	176559	724590	43549
6	인쇄, 출판 및 복제	237960	25673	19258	32261	43569	218876	12056
7	석유 및 석탄제품	4830389	1196718	1635388	317776	464807	499047	38795
8	화학제품	26482401	457251	412429	654897	1352578	4468861	292008
9	비금속광물제품	484715	2713534	697655	59180	135490	1754649	84305
10	제1차금속제품	271777	143707	23614763	5368347	5263545	3732231	165206
11	금속제품	619993	133481	206013	2108129	1847305	1161270	127636
12	일반기계	904575	185434	374267	341994	7332297	928107	60351
13	전기 및 전자기기	106366	60186	108285	93299	1938152	26256252	982176
14	정밀기기	63792	5437	25222	20654	410058	583048	532246
15	수송장비	86972	95417	27637	32624	163303	49306	5634
16	가구 / 기타 제조업	13117	1809	941	33573	7658	13805	6258
17	전력, 가스 및 수도	2541968	688707	2171059	335407	401953	993182	59465
18	건설	52433	10505	42245	15520	25879	54090	1960
19	도매	1525593	238538	643500	357970	813090	3091412	174205
20	쇼핑업	744211	115514	98487	159335	374888	1422182	91077
21	음식점업	0	0	0	0	0	0	0
22	숙박업	0	0	0	0	0	0	0
23	운수 및 보관	600825	314139	503767	156757	289709	571630	40611
24	관광교통업	386514	58375	52616	55354	167085	356508	35255
25	통신 및 방송	359544	155063	146388	64300	141976	600426	37135
26	금융 및 보험	2127136	703298	822868	365830	892715	2214895	129451
27	부동산 / 사업서비스	2929250	454380	1082538	472213	1087907	3100403	356022
28	공공행정 및 국방	0	0	0	0	0	0	0
29	교육 및 보건	1415535	117317	532964	124611	680762	3237534	472317
30	문화오락서비스	0	0	5	0	0	1	0
31	영상오락서비스	0	0	0	0	0	55	0
32	기타 사회서비스	126529	43870	75557	35509	72385	80790	9866
33	기타	1283860	348458	555203	502649	699652	1201929	89999

번호	부문명칭	15 수송장비	16 가구 / 기타 제조업	17 전력, 가스 및 수도	18 건설	19 도매	20 쇼핑업	21 음식점업
1	농림수산품	0	31361	170	217471	42	279	2007145
2	광산품	1817	5652	177829	371721	0	0	9265
3	음식료품	0	45	0	0	297	1158	10432552
4	섬유 및 가죽제품	683303	344413	10414	116262	60857	92549	46339
5	목재 및 종이제품	196819	766005	1898	1399342	52508	138291	176253
6	인쇄, 출판 및 복제	44516	33461	16477	116699	99051	243908	40056
7	석유 및 석탄제품	554415	125544	1715348	1023829	655104	616579	945784
8	화학제품	4600874	1070159	648872	3021599	39223	86389	119964
9	비금속광물제품	440539	116694	18954	8785987	2083	14631	61240
10	제1차금속제품	4502601	403601	60311	5302468	-16625	-2518	3276
11	금속제품	1427663	311523	29264	7041849	9295	17072	65323
12	일반기계	3515792	61925	157333	3049749	33653	44176	31863
13	전기 및 전자기기	3114467	152471	237326	4043595	80250	72296	126247
14	정밀기기	521965	4175	37810	159947	7421	17104	1358
15	수송장비	20148449	12560	16320	112939	32724	51121	11396
16	가구 / 기타 제조업	656699	175688	2381	442543	31576	47766	217222
17	전력, 가스 및 수도	578176	117974	3565979	237341	170899	978090	783181
18	건설	18122	3244	955356	25967	35886	95974	138365
19	도매	1241964	252445	92838	1464132	779653	66944	561613
20	쇼핑업	909765	179540	51944	1006079	79526	125828	1207048
21	음식점업	0	0	0	0	0	0	0
22	숙박업	0	0	0	0	0	0	0
23	운수 및 보관	471933	94468	72498	770569	134287	86635	277207
24	관광교통업	74599	40857	25386	162530	679649	232618	26994
25	통신 및 방송	236137	56426	88507	383090	1363604	2283063	158306
26	금융 및 보험	1627621	177222	931163	1950012	919692	1288454	393238
27	부동산 / 사업서비스	1490256	442755	465834	9255256	2991301	5389939	2648878
28	공공행정 및 국방	0	0	0	0	0	0	0
29	교육 및 보건	1039510	57102	351257	861800	125576	267061	158222
30	문화오락서비스	0	0	0	0	0	0	0
31	영상오락서비스	0	0	0	0	0	0	0
32	기타 사회서비스	68283	13418	20247	132274	52524	72202	24581
33	기타	489418	194272	230394	1112087	1227951	1235723	179051

(단위: 백만 원)

번호	부문명칭	22 숙박업	23 운수 및 보관	24 관광교통업	25 통신 및 방송	26 금융 및 보험	27 부동산/사업서비스	28 공공행정 및 국방
1	농림수산품	132	0	0	0	0	17237	9304
2	광산품	0	48	-44	0	0	538	2546
3	음식료품	3251	0	0	0	0	5948	9250
4	섬유 및 가죽제품	26820	29585	16359	14372	24113	53092	192948
5	목재 및 종이제품	32616	19862	10684	7811	9753	126069	26553
6	인쇄, 출판 및 복제	15621	35534	84653	139746	551048	2566986	315700
7	석유 및 석탄제품	144587	3470068	2682282	147524	260709	867638	740882
8	화학제품	59935	196606	223370	24783	22455	381208	270026
9	비금속광물제품	5809	2356	1402	2609	1320	5237	15299
10	제1차금속제품	-2	-5	5936	-5	7	3249	8050
11	금속제품	4459	44783	18550	6293	54560	28742	119660
12	일반기계	6498	40668	17447	7664	8694	178928	1062763
13	전기 및 전자기기	29618	80192	99139	618455	201007	474040	151356
14	정밀기기	134	3609	13258	29215	515	80904	58983
15	수송장비	2293	725308	777301	20881	27792	152072	863405
16	가구/기타 제조업	17045	6889	8405	32087	37165	140879	62316
17	전력, 가스 및 수도	194517	103577	129513	320735	351851	1817432	656857
18	건설	20864	16701	9575	100911	44891	6604258	278605
19	도매	13386	91743	123431	58961	49770	140373	209784
20	쇼핑업	28896	131014	182418	90221	92279	237097	220901
21	음식점업	0	0	0	0	0	0	0
22	숙박업	0	0	0	0	0	0	0
23	운수 및 보관	10120	980847	734107	37978	64356	169237	67770
24	관광교통업	15972	603825	306794	143415	589799	522484	483391
25	통신 및 방송	100305	183415	199861	4850960	1355602	3581064	483991
26	금융 및 보험	64836	680964	533388	658074	8211005	7226227	599690
27	부동산/사업서비스	251943	1193152	810271	2137808	4462786	8615723	1865448
28	공공행정 및 국방	0	0	0	0	0	0	0
29	교육 및 보건	32459	152175	134737	286870	249050	976403	271626
30	문화오락서비스	0	0	0	0	0	0	294
31	영상오락서비스	0	22	2776	612806	0	286570	20584
32	기타 사회서비스	21932	186268	144352	31288	143570	141163	106268
33	기타	78421	408220	383839	2228096	1964620	2990031	2697871

(단위: 백만 원)

번호	부문명칭	29 교육 및 보건	30 문화오락 서비스	31 영상오락 서비스	32 기타 사회서비스	33 기타
1	농림수산품	155157	11909	107	2026	419523
2	광산품	1792	79	0	0	12265
3	음식료품	16250	83511	0	864	1621559
4	섬유 및 가죽제품	63632	26729	19029	114603	911469
5	목재 및 종이제품	51446	19065	6148	23367	1071005
6	인쇄, 출판 및 복제	643068	113895	23134	220663	330460
7	석유 및 석탄제품	972736	126304	46457	469426	270855
8	화학제품	6593350	111466	33278	904770	1103556
9	비금속광물제품	44808	1692	1689	40631	195073
10	제1차금속제품	28396	−160	200	1845	32683
11	금속제품	28176	2439	1404	77331	267853
12	일반기계	137469	19966	3025	94335	113744
13	전기 및 전자기기	398537	62629	19118	535203	336491
14	정밀기기	280824	5901	8915	8099	82368
15	수송장비	148220	12280	8337	1359248	6460
16	가구 / 기타 제조업	263757	72978	11759	60207	558674
17	전력, 가스 및 수도	1050052	215613	31138	326979	24278
18	건설	221463	53854	4932	71880	0
19	도매	774774	41163	13807	127826	455812
20	쇼핑업	339297	79760	24702	171401	934762
21	음식점업	0	0	0	0	12692429
22	숙박업	0	0	0	0	1068043
23	운수 및 보관	140866	14756	4310	33019	161606
24	관광교통업	187072	19251	10171	130417	304346
25	통신 및 방송	483244	189217	49928	299884	518551
26	금융 및 보험	1322334	229484	45902	391346	164625
27	부동산 / 사업서비스	3411837	1402782	325803	2581063	0
28	공공행정 및 국방	0	0	0	0	0
29	교육 및 보건	1266178	33220	12756	90714	0
30	문화오락서비스	191	54933	0	0	319256
31	영상오락서비스	7181	60831	634269	840	66092
32	기타 사회서비스	205218	32169	10455	35145	135835
33	기타	2931919	500464	78077	1422692	923

2. 전국투입계수

번호	부문명칭	1 농림수산품	2 광산품	3 음식료품	4 섬유 및 가죽제품	5 목재 및 종이제품	6 인쇄, 출판 및 복제	7 석유 및 석탄제품
1	농림수산품	0.0416	0.0019	0.3523	0.0002	0.0047	0.0000	0.0000
2	광산품	0.0000	0.0000	0.0004	0.0000	0.0006	0.0000	0.0008
3	음식료품	0.1014	0.0000	0.0928	0.0020	0.0012	0.0000	0.0000
4	섬유 및 가죽제품	0.0028	0.0003	0.0004	0.2453	0.0045	0.0018	0.0001
5	목재 및 종이제품	0.0065	0.0070	0.0151	0.0080	0.2598	0.2486	0.0002
6	인쇄, 출판 및 복제	0.0004	0.0005	0.0016	0.0024	0.0037	0.0981	0.0007
7	석유 및 석탄제품	0.0254	0.0608	0.0093	0.0126	0.0175	0.0086	0.0252
8	화학제품	0.0628	0.0131	0.0266	0.1257	0.0511	0.0442	0.0081
9	비금속광물제품	0.0003	0.0003	0.0061	0.0005	0.0039	0.0002	0.0003
10	제1차금속제품	0.0009	0.0015	0.0003	0.0003	0.0011	0.0002	0.0008
11	금속제품	0.0007	0.0025	0.0123	0.0031	0.0036	0.0008	0.0041
12	일반기계	0.0048	0.0094	0.0017	0.0029	0.0050	0.0052	0.0032
13	전기 및 전자기기	0.0017	0.0034	0.0004	0.0008	0.0016	0.0041	0.0006
14	정밀기기	0.0008	0.0001	0.0001	0.0001	0.0003	0.0003	0.0005
15	수송장비	0.0028	0.0169	0.0007	0.0005	0.0014	0.0025	0.0003
16	가구 / 기타 제조업	0.0001	0.0002	0.0020	0.0037	0.0003	0.0001	0.0000
17	전력, 가스 및 수도	0.0031	0.0378	0.0075	0.0144	0.0307	0.0078	0.0081
18	건설	0.0007	0.0020	0.0005	0.0007	0.0005	0.0002	0.0002
19	도매	0.0048	0.0030	0.0178	0.0146	0.0214	0.0220	0.0015
20	쇼핑업	0.0069	0.0040	0.0174	0.0146	0.0076	0.0123	0.0007
21	음식점업	0.0000	0.0000	0.0000	0.0000	0.0000	0.0000	0.0000
22	숙박업	0.0000	0.0000	0.0000	0.0000	0.0000	0.0000	0.0000
23	운수 및 보관	0.0041	0.0094	0.0084	0.0095	0.0117	0.0074	0.0047
24	관광교통업	0.0009	0.0038	0.0020	0.0035	0.0025	0.0118	0.0007
25	통신 및 방송	0.0030	0.0046	0.0027	0.0052	0.0064	0.0154	0.0019
26	금융 및 보험	0.0229	0.0601	0.0123	0.0214	0.0278	0.0215	0.0067
27	부동산 / 사업서비스	0.0362	0.0761	0.0281	0.0289	0.0256	0.0809	0.0091
28	공공행정 및 국방	0.0000	0.0000	0.0000	0.0000	0.0000	0.0000	0.0000
29	교육 및 보건	0.0025	0.0019	0.0036	0.0040	0.0042	0.0036	0.0019
30	문화오락서비스	0.0000	0.0000	0.0000	0.0000	0.0000	0.0000	0.0000
31	영화연극예술	0.0000	0.0000	0.0000	0.0000	0.0000	0.0134	0.0000
32	기타 서비스	0.0008	0.0023	0.0010	0.0018	0.0014	0.0013	0.0006
33	기타	0.0117	0.0348	0.0108	0.0239	0.0151	0.0366	0.0048

번호	부문명칭	8 화학제품	9 비금속광물제품	10 제1차금속제품	11 금속제품	12 일반기계	13 전기 및 전자기기	14 정밀기기
1	농림수산품	0.0017	0.0000	0.0000	0.0000	0.0000	0.0000	0.0000
2	광산품	0.0011	0.0949	0.0040	0.0002	0.0002	0.0002	0.0000
3	음식료품	0.0032	0.0000	0.0000	0.0000	0.0000	0.0000	0.0000
4	섬유 및 가죽제품	0.0038	0.0018	0.0004	0.0010	0.0010	0.0007	0.0028
5	목재 및 종이제품	0.0071	0.0128	0.0010	0.0078	0.0041	0.0051	0.0064
6	인쇄, 출판 및 복제	0.0027	0.0015	0.0003	0.0015	0.0010	0.0015	0.0018
7	석유 및 석탄제품	0.0545	0.0697	0.0283	0.0151	0.0108	0.0035	0.0057
8	화학제품	0.2988	0.0266	0.0071	0.0312	0.0314	0.0314	0.0429
9	비금속광물제품	0.0055	0.1580	0.0121	0.0028	0.0031	0.0123	0.0124
10	제1차금속제품	0.0031	0.0084	0.4093	0.2555	0.1220	0.0262	0.0243
11	금속제품	0.0070	0.0078	0.0036	0.1004	0.0428	0.0082	0.0188
12	일반기계	0.0102	0.0108	0.0065	0.0163	0.1700	0.0065	0.0089
13	전기 및 전자기기	0.0012	0.0035	0.0019	0.0044	0.0449	0.1843	0.1443
14	정밀기기	0.0007	0.0003	0.0004	0.0010	0.0095	0.0041	0.0782
15	수송장비	0.0010	0.0056	0.0005	0.0016	0.0038	0.0003	0.0008
16	가구 / 기타 제조업	0.0001	0.0001	0.0000	0.0016	0.0002	0.0001	0.0009
17	전력, 가스 및 수도	0.0287	0.0401	0.0376	0.0160	0.0093	0.0070	0.0087
18	건설	0.0006	0.0006	0.0007	0.0007	0.0006	0.0004	0.0003
19	도매	0.0172	0.0139	0.0112	0.0170	0.0189	0.0217	0.0256
20	쇼핑업	0.0084	0.0067	0.0017	0.0076	0.0087	0.0100	0.0134
21	음식점업	0.0000	0.0000	0.0000	0.0000	0.0000	0.0000	0.0000
22	숙박업	0.0000	0.0000	0.0000	0.0000	0.0000	0.0000	0.0000
23	운수 및 보관	0.0068	0.0183	0.0087	0.0075	0.0067	0.0040	0.0060
24	관광교통업	0.0044	0.0034	0.0009	0.0026	0.0039	0.0025	0.0052
25	통신 및 방송	0.0041	0.0090	0.0025	0.0031	0.0033	0.0042	0.0055
26	금융 및 보험	0.0240	0.0410	0.0143	0.0174	0.0207	0.0156	0.0190
27	부동산 / 사업서비스	0.0331	0.0265	0.0188	0.0225	0.0252	0.0218	0.0523
28	공공행정 및 국방	0.0000	0.0000	0.0000	0.0000	0.0000	0.0000	0.0000
29	교육 및 보건	0.0160	0.0068	0.0092	0.0059	0.0158	0.0227	0.0694
30	문화오락서비스	0.0000	0.0000	0.0000	0.0000	0.0000	0.0000	0.0000
31	영화연극예술	0.0000	0.0000	0.0000	0.0000	0.0000	0.0000	0.0000
32	기타 서비스	0.0014	0.0026	0.0013	0.0017	0.0017	0.0006	0.0014
33	기타	0.0145	0.0203	0.0096	0.0239	0.0162	0.0084	0.0132

번호	부문명칭	15	16	17	18	19	20	21
		수송장비	가구/기타 제조업	전력, 가스 및 수도	건설	도매	쇼핑업	음식점업
1	농림수산품	0.0000	0.0031	0.0000	0.0022	0.0000	0.0000	0.0532
2	광산품	0.0000	0.0006	0.0056	0.0037	0.0000	0.0000	0.0002
3	음식료품	0.0000	0.0000	0.0000	0.0000	0.0000	0.0000	0.2765
4	섬유 및 가죽제품	0.0092	0.0344	0.0003	0.0012	0.0018	0.0025	0.0012
5	목재 및 종이제품	0.0026	0.0766	0.0001	0.0141	0.0016	0.0038	0.0047
6	인쇄, 출판 및 복제	0.0006	0.0033	0.0005	0.0012	0.0030	0.0067	0.0011
7	석유 및 석탄제품	0.0074	0.0125	0.0545	0.0103	0.0196	0.0169	0.0251
8	화학제품	0.0617	0.1070	0.0206	0.0304	0.0012	0.0024	0.0032
9	비금속광물제품	0.0059	0.0117	0.0006	0.0885	0.0001	0.0004	0.0016
10	제1차금속제품	0.0603	0.0403	0.0019	0.0534	−0.0005	−0.0001	0.0001
11	금속제품	0.0191	0.0311	0.0009	0.0709	0.0003	0.0005	0.0017
12	일반기계	0.0471	0.0062	0.0050	0.0307	0.0010	0.0012	0.0008
13	전기 및 전자기기	0.0417	0.0152	0.0075	0.0407	0.0024	0.0020	0.0033
14	정밀기기	0.0070	0.0004	0.0012	0.0016	0.0002	0.0005	0.0000
15	수송장비	0.2700	0.0013	0.0005	0.0011	0.0010	0.0014	0.0003
16	가구/기타 제조업	0.0088	0.0176	0.0001	0.0045	0.0009	0.0013	0.0058
17	전력, 가스 및 수도	0.0077	0.0118	0.1132	0.0024	0.0051	0.0269	0.0208
18	건설	0.0002	0.0003	0.0303	0.0003	0.0011	0.0026	0.0037
19	도매	0.0166	0.0252	0.0029	0.0147	0.0233	0.0018	0.0149
20	쇼핑업	0.0122	0.0179	0.0016	0.0101	0.0024	0.0035	0.0320
21	음식점업	0.0000	0.0000	0.0000	0.0000	0.0000	0.0000	0.0000
22	숙박업	0.0000	0.0000	0.0000	0.0000	0.0000	0.0000	0.0000
23	운수 및 보관	0.0063	0.0094	0.0023	0.0078	0.0040	0.0024	0.0073
24	관광교통업	0.0010	0.0041	0.0008	0.0016	0.0203	0.0064	0.0007
25	통신 및 방송	0.0032	0.0056	0.0028	0.0039	0.0408	0.0627	0.0042
26	금융 및 보험	0.0218	0.0177	0.0296	0.0196	0.0275	0.0354	0.0104
27	부동산/사업서비스	0.0200	0.0443	0.0148	0.0932	0.0895	0.1480	0.0702
28	공공행정 및 국방	0.0000	0.0000	0.0000	0.0000	0.0000	0.0000	0.0000
29	교육 및 보건	0.0139	0.0057	0.0112	0.0087	0.0038	0.0073	0.0042
30	문화오락서비스	0.0000	0.0000	0.0000	0.0000	0.0000	0.0000	0.0000
31	영화연극예술	0.0000	0.0000	0.0000	0.0000	0.0000	0.0000	0.0000
32	기타 서비스	0.0009	0.0013	0.0006	0.0013	0.0016	0.0020	0.0007
33	기타	0.0066	0.0194	0.0073	0.0112	0.0367	0.0339	0.0047

184

번호	부문명칭	22	23	24	25	26	27	28
		숙박업	운수 및 보관	관광교통업	통신 및 방송	금융 및 보험	부동산 및 사업서비스	공공행정 및 국방
1	농림수산품	0.0000	0.0000	0.0000	0.0000	0.0000	0.0001	0.0002
2	광산품	0.0000	0.0000	0.0000	0.0000	0.0000	0.0000	0.0001
3	음식료품	0.0010	0.0000	0.0000	0.0000	0.0000	0.0000	0.0002
4	섬유 및 가죽제품	0.0079	0.0010	0.0007	0.0004	0.0004	0.0004	0.0044
5	목재 및 종이제품	0.0096	0.0007	0.0005	0.0002	0.0002	0.0009	0.0006
6	인쇄, 출판 및 복제	0.0046	0.0013	0.0037	0.0041	0.0087	0.0187	0.0072
7	석유 및 석탄제품	0.0424	0.1230	0.1169	0.0044	0.0041	0.0063	0.0170
8	화학제품	0.0176	0.0070	0.0097	0.0007	0.0004	0.0028	0.0062
9	비금속광물제품	0.0017	0.0001	0.0001	0.0001	0.0000	0.0000	0.0004
10	제1차금속제품	0.0000	0.0000	0.0003	0.0000	0.0000	0.0000	0.0002
11	금속제품	0.0013	0.0016	0.0008	0.0002	0.0009	0.0002	0.0027
12	일반기계	0.0019	0.0014	0.0008	0.0002	0.0001	0.0013	0.0244
13	전기 및 전자기기	0.0087	0.0028	0.0043	0.0182	0.0032	0.0034	0.0035
14	정밀기기	0.0000	0.0001	0.0006	0.0009	0.0000	0.0006	0.0014
15	수송장비	0.0007	0.0257	0.0339	0.0006	0.0004	0.0011	0.0198
16	가구 / 기타 제조업	0.0050	0.0002	0.0004	0.0009	0.0006	0.0010	0.0014
17	전력, 가스 및 수도	0.0571	0.0037	0.0056	0.0095	0.0055	0.0132	0.0151
18	건설	0.0061	0.0006	0.0004	0.0030	0.0007	0.0481	0.0064
19	도매	0.0039	0.0033	0.0054	0.0017	0.0008	0.0010	0.0048
20	쇼핑업	0.0085	0.0046	0.0079	0.0027	0.0015	0.0017	0.0051
21	음식점업	0.0000	0.0000	0.0000	0.0000	0.0000	0.0000	0.0000
22	숙박업	0.0000	0.0000	0.0000	0.0000	0.0000	0.0000	0.0000
23	운수 및 보관	0.0030	0.0348	0.0320	0.0011	0.0010	0.0012	0.0016
24	관광교통업	0.0047	0.0214	0.0134	0.0042	0.0093	0.0038	0.0111
25	통신 및 방송	0.0294	0.0065	0.0087	0.1431	0.0214	0.0261	0.0111
26	금융 및 보험	0.0190	0.0241	0.0232	0.0194	0.1294	0.0526	0.0138
27	부동산 / 사업서비스	0.0739	0.0423	0.0353	0.0631	0.0704	0.0627	0.0428
28	공공행정 및 국방	0.0000	0.0000	0.0000	0.0000	0.0000	0.0000	0.0000
29	교육 및 보건	0.0095	0.0054	0.0059	0.0085	0.0039	0.0071	0.0062
30	문화오락서비스	0.0000	0.0000	0.0000	0.0000	0.0000	0.0000	0.0000
31	영화연극예술	0.0000	0.0000	0.0001	0.0181	0.0000	0.0021	0.0005
32	기타 서비스	0.0064	0.0066	0.0063	0.0009	0.0023	0.0010	0.0024
33	기타	0.0230	0.0145	0.0167	0.0657	0.0310	0.0218	0.0619

번호	부문명칭	29 교육 및 보건	30 문화오락서비스	31 영상오락서비스	32 기타 사회서비스	33 기타
1	농림수산품	0.0021	0.0013	0.0000	0.0001	0.0140
2	광산품	0.0000	0.0000	0.0000	0.0000	0.0004
3	음식료품	0.0002	0.0093	0.0000	0.0000	0.0541
4	섬유 및 가죽제품	0.0009	0.0030	0.0066	0.0061	0.0304
5	목재 및 종이제품	0.0007	0.0021	0.0021	0.0013	0.0357
6	인쇄, 출판 및 복제	0.0088	0.0126	0.0080	0.0118	0.0110
7	석유 및 석탄제품	0.0134	0.0140	0.0160	0.0251	0.0090
8	화학제품	0.0906	0.0124	0.0115	0.0484	0.0368
9	비금속광물제품	0.0006	0.0002	0.0006	0.0022	0.0065
10	제1차금속제품	0.0004	0.0000	0.0001	0.0001	0.0011
11	금속제품	0.0004	0.0003	0.0005	0.0041	0.0089
12	일반기계	0.0019	0.0022	0.0010	0.0051	0.0038
13	전기 및 전자기기	0.0055	0.0069	0.0066	0.0287	0.0112
14	정밀기기	0.0039	0.0007	0.0031	0.0004	0.0027
15	수송장비	0.0020	0.0014	0.0029	0.0728	0.0002
16	가구 / 기타 제조업	0.0036	0.0081	0.0040	0.0032	0.0186
17	전력, 가스 및 수도	0.0144	0.0239	0.0107	0.0175	0.0008
18	건설	0.0030	0.0060	0.0017	0.0038	0.0000
19	도매	0.0106	0.0046	0.0048	0.0068	0.0152
20	쇼핑업	0.0047	0.0089	0.0085	0.0092	0.0312
21	음식점업	0.0000	0.0000	0.0000	0.0000	0.4233
22	숙박업	0.0000	0.0000	0.0000	0.0000	0.0356
23	운수 및 보관	0.0019	0.0016	0.0015	0.0018	0.0054
24	관광교통업	0.0026	0.0021	0.0035	0.0070	0.0102
25	통신 및 방송	0.0066	0.0210	0.0172	0.0161	0.0173
26	금융 및 보험	0.0182	0.0255	0.0158	0.0210	0.0055
27	부동산 / 사업서비스	0.0469	0.1557	0.1121	0.1382	0.0000
28	공공행정 및 국방	0.0000	0.0000	0.0000	0.0000	0.0000
29	교육 및 보건	0.0174	0.0037	0.0044	0.0049	0.0000
30	문화오락서비스	0.0000	0.0061	0.0000	0.0000	0.0106
31	영화연극예술	0.0001	0.0068	0.2183	0.0000	0.0022
32	기타 서비스	0.0028	0.0036	0.0036	0.0019	0.0045
33	기타	0.0403	0.0555	0.0269	0.0762	0.0000

3. LQ대각행렬

번호	부문명칭	1 농림수산품	2 광산품	3 음식료품	4 섬유 및 가죽제품	5 목재 및 종이제품	6 인쇄, 출판 및 복제	7 석유 및 석탄제품
1	농림수산품	0.55	0	0	0	0	0	0
2	광산품	0	0.09	0	0	0	0	0
3	음식료품	0	0	0.67	0	0	0	0
4	섬유 및 가죽제품	0	0	0	1.00	0	0	0
5	목재 및 종이제품	0	0	0	0	0.55	0	0
6	인쇄, 출판 및 복제	0	0	0	0	0	0.43	0
7	석유 및 석탄제품	0	0	0	0	0	0	0.06
8	화학제품	0	0	0	0	0	0	0
9	비금속광물제품	0	0	0	0	0	0	0
10	제1차금속제품	0	0	0	0	0	0	0
11	금속제품	0	0	0	0	0	0	0
12	일반기계	0	0	0	0	0	0	0
13	전기 및 전자기기	0	0	0	0	0	0	0
14	정밀기기	0	0	0	0	0	0	0
15	수송장비	0	0	0	0	0	0	0
16	가구 / 기타 제조업	0	0	0	0	0	0	0
17	전력, 가스 및 수도	0	0	0	0	0	0	0
18	건설	0	0	0	0	0	0	0
19	도매	0	0	0	0	0	0	0
20	쇼핑업	0	0	0	0	0	0	0
21	음식점업	0	0	0	0	0	0	0
22	숙박업	0	0	0	0	0	0	0
23	운수 및 보관	0	0	0	0	0	0	0
24	관광교통업	0	0	0	0	0	0	0
25	통신 및 방송	0	0	0	0	0	0	0
26	금융 및 보험	0	0	0	0	0	0	0
27	부동산 / 사업서비스	0	0	0	0	0	0	0
28	공공행정 및 국방	0	0	0	0	0	0	0
29	교육 및 보건	0	0	0	0	0	0	0
30	문화오락서비스	0	0	0	0	0	0	0
31	영화연극예술	0	0	0	0	0	0	0
32	기타 서비스	0	0	0	0	0	0	0
33	기타	0	0	0	0	0	0	0

번호	부문명칭	8 화학제품	9 비금속 광물제품	10 제1차 금속제품	11 금속제품	12 일반기계	13 전기 및 전자기기	14 정밀기기
1	농림수산품	0	0	0	0	0	0	0
2	광산품	0	0	0	0	0	0	0
3	음식료품	0	0	0	0	0	0	0
4	섬유 및 가죽제품	0	0	0	0	0	0	0
5	목재 및 종이제품	0	0	0	0	0	0	0
6	인쇄, 출판 및 복제	0	0	0	0	0	0	0
7	석유 및 석탄제품	0	0	0	0	0	0	0
8	화학제품	0.36	0	0	0	0	0	0
9	비금속광물제품	0	0.37	0	0	0	0	0
10	제1차금속제품	0	0	1.00	0	0	0	0
11	금속제품	0	0	0	1.00	0	0	0
12	일반기계	0	0	0	0	1.00	0	0
13	전기 및 전자기기	0	0	0	0	0	0.18	0
14	정밀기기	0	0	0	0	0	0	0.51
15	수송장비	0	0	0	0	0	0	0
16	가구 / 기타 제조업	0	0	0	0	0	0	0
17	전력, 가스 및 수도	0	0	0	0	0	0	0
18	건설	0	0	0	0	0	0	0
19	도매	0	0	0	0	0	0	0
20	쇼핑업	0	0	0	0	0	0	0
21	음식점업	0	0	0	0	0	0	0
22	숙박업	0	0	0	0	0	0	0
23	운수 및 보관	0	0	0	0	0	0	0
24	관광교통업	0	0	0	0	0	0	0
25	통신 및 방송	0	0	0	0	0	0	0
26	금융 및 보험	0	0	0	0	0	0	0
27	부동산 / 사업서비스	0	0	0	0	0	0	0
28	공공행정 및 국방	0	0	0	0	0	0	0
29	교육 및 보건	0	0	0	0	0	0	0
30	문화오락서비스	0	0	0	0	0	0	0
31	영화연극예술	0	0	0	0	0	0	0
32	기타 서비스	0	0	0	0	0	0	0
33	기타	0	0	0	0	0	0	0

번호	부문명칭	15 수송장비	16 가구 / 기타 제조업	17 전력, 가스 및 수도	18 건설	19 도매	20 쇼핑업	21 음식점업
1	농림수산품	0	0	0	0	0	0	0
2	광산품	0	0	0	0	0	0	0
3	음식료품	0	0	0	0	0	0	0
4	섬유 및 가죽제품	0	0	0	0	0	0	0
5	목재 및 종이제품	0	0	0	0	0	0	0
6	인쇄, 출판 및 복제	0	0	0	0	0	0	0
7	석유 및 석탄제품	0	0	0	0	0	0	0
8	화학제품	0	0	0	0	0	0	0
9	비금속광물제품	0	0	0	0	0	0	0
10	제1차금속제품	0	0	0	0	0	0	0
11	금속제품	0	0	0	0	0	0	0
12	일반기계	0	0	0	0	0	0	0
13	전기 및 전자기기	0	0	0	0	0	0	0
14	정밀기기	0	0	0	0	0	0	0
15	수송장비	0.66	0	0	0	0	0	0
16	가구 / 기타 제조업	0	0.88	0	0	0	0	0
17	전력, 가스 및 수도	0	0	0.84	0	0	0	0
18	건설	0	0	0	1.00	0	0	0
19	도매	0	0	0	0	1.00	0	0
20	쇼핑업	0	0	0	0	0	1.00	0
21	음식점업	0	0	0	0	0	0	1.00
22	숙박업	0	0	0	0	0	0	0
23	운수 및 보관	0	0	0	0	0	0	0
24	관광교통업	0	0	0	0	0	0	0
25	통신 및 방송	0	0	0	0	0	0	0
26	금융 및 보험	0	0	0	0	0	0	0
27	부동산 / 사업서비스	0	0	0	0	0	0	0
28	공공행정 및 국방	0	0	0	0	0	0	0
29	교육 및 보건	0	0	0	0	0	0	0
30	문화오락서비스	0	0	0	0	0	0	0
31	영화연극예술	0	0	0	0	0	0	0
32	기타 서비스	0	0	0	0	0	0	0
33	기타	0	0	0	0	0	0	0

번호	부문명칭	22 숙박업	23 운수 및 보관	24 관광 교통업	25 통신 및 방송	26 금융 및 보험	27 부동산 및 사업서비스	28 공공행정 및 국방
1	농림수산품	0	0	0	0	0	0	0
2	광산품	0	0	0	0	0	0	0
3	음식료품	0	0	0	0	0	0	0
4	섬유 및 가죽제품	0	0	0	0	0	0	0
5	목재 및 종이제품	0	0	0	0	0	0	0
6	인쇄, 출판 및 복제	0	0	0	0	0	0	0
7	석유 및 석탄제품	0	0	0	0	0	0	0
8	화학제품	0	0	0	0	0	0	0
9	비금속광물제품	0	0	0	0	0	0	0
10	제1차금속제품	0	0	0	0	0	0	0
11	금속제품	0	0	0	0	0	0	0
12	일반기계	0	0	0	0	0	0	0
13	전기 및 전자기기	0	0	0	0	0	0	0
14	정밀기기	0	0	0	0	0	0	0
15	수송장비	0	0	0	0	0	0	0
16	가구 / 기타 제조업	0	0	0	0	0	0	0
17	전력, 가스 및 수도	0	0	0	0	0	0	0
18	건설	0	0	0	0	0	0	0
19	도매	0	0	0	0	0	0	0
20	쇼핑업	0	0	0	0	0	0	0
21	음식점업	0	0	0	0	0	0	0
22	숙박업	1.00	0	0	0	0	0	0
23	운수 및 보관	0	1.00	0	0	0	0	0
24	관광교통업	0	0	0.92	0	0	0	0
25	통신 및 방송	0	0	0	1.00	0	0	0
26	금융 및 보험	0	0	0	0	1.00	0	0
27	부동산 / 사업서비스	0	0	0	0	0	1.00	0
28	공공행정 및 국방	0	0	0	0	0	0	0.84
29	교육 및 보건	0	0	0	0	0	0	0
30	문화오락서비스	0	0	0	0	0	0	0
31	영화연극예술	0	0	0	0	0	0	0
32	기타 서비스	0	0	0	0	0	0	0
33	기타	0	0	0	0	0	0	0

번호	부문명칭	29 교육 및 보건	30 문화오락 서비스	31 영상오락 서비스	32 기타 사회서비스	33 기타
1	농림수산품	0	0	0	0	0
2	광산품	0	0	0	0	0
3	음식료품	0	0	0	0	0
4	섬유 및 가죽제품	0	0	0	0	0
5	목재 및 종이제품	0	0	0	0	0
6	인쇄, 출판 및 복제	0	0	0	0	0
7	석유 및 석탄제품	0	0	0	0	0
8	화학제품	0	0	0	0	0
9	비금속광물제품	0	0	0	0	0
10	제1차금속제품	0	0	0	0	0
11	금속제품	0	0	0	0	0
12	일반기계	0	0	0	0	0
13	전기 및 전자기기	0	0	0	0	0
14	정밀기기	0	0	0	0	0
15	수송장비	0	0	0	0	0
16	가구 / 기타 제조업	0	0	0	0	0
17	전력, 가스 및 수도	0	0	0	0	0
18	건설	0	0	0	0	0
19	도매	0	0	0	0	0
20	쇼핑업	0	0	0	0	0
21	음식점업	0	0	0	0	0
22	숙박업	0	0	0	0	기타
23	운수 및 보관	0	0	0	0	0
24	관광교통업	0	0	0	0	0
25	통신 및 방송	0	0	0	0	0
26	금융 및 보험	0	0	0	0	0
27	부동산 / 사업서비스	0	0	0	0	0
28	공공행정 및 국방	0	0	0	0	0
29	교육 및 보건	1.00	0	0	0	0
30	문화오락서비스	0	0.20	0	0	0
31	영화연극예술	0	0	1.00	0	0
32	기타 서비스	0	0	0	1.00	0
33	기타	0	0	0	0	1.00

4. 부산지역 투입계수행렬표

번호	부문명칭	1 농림수산품	2 광산품	3 음식료품	4 섬유 및 가죽제품	5 목재 및 종이제품	6 인쇄, 출판 및 복제	7 석유 및 석탄제품
1	농림수산품	0.0230	0.0002	0.2374	0.0002	0.0026	0.0000	0.0000
2	광산품	0.0000	0.0000	0.0003	0.0000	0.0003	0.0000	0.0000
3	음식료품	0.0561	0.0000	0.0625	0.0020	0.0007	0.0000	0.0000
4	섬유 및 가죽제품	0.0016	0.0000	0.0003	0.2453	0.0024	0.0008	0.0000
5	목재 및 종이제품	0.0036	0.0006	0.0102	0.0080	0.1417	0.1076	0.0000
6	인쇄, 출판 및 복제	0.0002	0.0000	0.0010	0.0024	0.0020	0.0425	0.0000
7	석유 및 석탄제품	0.0140	0.0055	0.0063	0.0126	0.0095	0.0037	0.0014
8	화학제품	0.0347	0.0012	0.0179	0.1257	0.0279	0.0191	0.0005
9	비금속광물제품	0.0002	0.0000	0.0041	0.0005	0.0021	0.0001	0.0000
10	제1차금속제품	0.0005	0.0001	0.0002	0.0003	0.0006	0.0001	0.0000
11	금속제품	0.0004	0.0002	0.0083	0.0031	0.0020	0.0003	0.0002
12	일반기계	0.0026	0.0008	0.0012	0.0029	0.0027	0.0022	0.0002
13	전기 및 전자기기	0.0010	0.0003	0.0002	0.0008	0.0009	0.0018	0.0000
14	정밀기기	0.0004	0.0000	0.0001	0.0001	0.0002	0.0001	0.0000
15	수송장비	0.0015	0.0015	0.0005	0.0005	0.0008	0.0011	0.0000
16	가구 / 기타 제조업	0.0001	0.0000	0.0014	0.0037	0.0002	0.0000	0.0000
17	전력, 가스 및 수도	0.0017	0.0034	0.0050	0.0144	0.0168	0.0034	0.0005
18	건설	0.0004	0.0002	0.0003	0.0007	0.0003	0.0001	0.0000
19	도매	0.0026	0.0003	0.0120	0.0146	0.0116	0.0095	0.0001
20	쇼핑업	0.0038	0.0004	0.0117	0.0146	0.0042	0.0053	0.0000
21	음식점업	0.0000	0.0000	0.0000	0.0000	0.0000	0.0000	0.0000
22	숙박업	0.0000	0.0000	0.0000	0.0000	0.0000	0.0000	0.0000
23	운수 및 보관	0.0023	0.0008	0.0057	0.0095	0.0064	0.0032	0.0003
24	관광교통업	0.0005	0.0003	0.0013	0.0035	0.0014	0.0051	0.0000
25	통신 및 방송	0.0017	0.0004	0.0018	0.0052	0.0035	0.0067	0.0001
26	금융 및 보험	0.0126	0.0054	0.0083	0.0214	0.0152	0.0093	0.0004
27	부동산 / 사업서비스	0.0200	0.0068	0.0189	0.0289	0.0140	0.0350	0.0005
28	공공행정 및 국방	0.0000	0.0000	0.0000	0.0000	0.0000	0.0000	0.0000
29	교육 및 보건	0.0014	0.0002	0.0024	0.0040	0.0023	0.0016	0.0001
30	문화오락서비스	0.0000	0.0000	0.0000	0.0000	0.0000	0.0000	0.0000
31	영화연극예술	0.0000	0.0000	0.0000	0.0000	0.0000	0.0058	0.0000
32	기타 서비스	0.0004	0.0002	0.0007	0.0018	0.0008	0.0006	0.0000
33	기타	0.0064	0.0031	0.0073	0.0239	0.0083	0.0158	0.0003

192

번호	부문명칭	8 화학제품	9 비금속 광물제품	10 제1차 금속제품	11 금속제품	12 일반기계	13 전기 및 전자기기	14 정밀기기
1	농림수산품	0.0006	0.0000	0.0000	0.0000	0.0000	0.0000	0.0000
2	광산품	0.0004	0.0348	0.0040	0.0002	0.0002	0.0000	0.0000
3	음식료품	0.0012	0.0000	0.0000	0.0000	0.0000	0.0000	0.0000
4	섬유 및 가죽제품	0.0014	0.0007	0.0004	0.0010	0.0010	0.0001	0.0014
5	목재 및 종이제품	0.0026	0.0047	0.0010	0.0078	0.0041	0.0009	0.0033
6	인쇄, 출판 및 복제	0.0010	0.0005	0.0003	0.0015	0.0010	0.0003	0.0009
7	석유 및 석탄제품	0.0198	0.0256	0.0283	0.0151	0.0108	0.0006	0.0029
8	화학제품	0.1085	0.0098	0.0071	0.0312	0.0314	0.0058	0.0220
9	비금속광물제품	0.0020	0.0580	0.0121	0.0028	0.0031	0.0023	0.0064
10	제1차금속제품	0.0011	0.0031	0.4093	0.2555	0.1220	0.0048	0.0125
11	금속제품	0.0025	0.0029	0.0036	0.1004	0.0428	0.0015	0.0096
12	일반기계	0.0037	0.0040	0.0065	0.0163	0.1700	0.0012	0.0046
13	전기 및 전자기기	0.0004	0.0013	0.0019	0.0044	0.0449	0.0338	0.0741
14	정밀기기	0.0003	0.0001	0.0004	0.0010	0.0095	0.0008	0.0401
15	수송장비	0.0004	0.0020	0.0005	0.0016	0.0038	0.0001	0.0004
16	가구 / 기타 제조업	0.0001	0.0000	0.0000	0.0016	0.0002	0.0000	0.0005
17	전력, 가스 및 수도	0.0104	0.0147	0.0376	0.0160	0.0093	0.0013	0.0045
18	건설	0.0002	0.0002	0.0007	0.0007	0.0006	0.0001	0.0001
19	도매	0.0063	0.0051	0.0112	0.0170	0.0189	0.0040	0.0131
20	쇼핑업	0.0030	0.0025	0.0017	0.0076	0.0087	0.0018	0.0069
21	음식점업	0.0000	0.0000	0.0000	0.0000	0.0000	0.0000	0.0000
22	숙박업	0.0000	0.0000	0.0000	0.0000	0.0000	0.0000	0.0000
23	운수 및 보관	0.0025	0.0067	0.0087	0.0075	0.0067	0.0007	0.0031
24	관광교통업	0.0016	0.0012	0.0009	0.0026	0.0039	0.0005	0.0027
25	통신 및 방송	0.0015	0.0033	0.0025	0.0031	0.0033	0.0008	0.0028
26	금융 및 보험	0.0087	0.0150	0.0143	0.0174	0.0207	0.0029	0.0098
27	부동산 / 사업서비스	0.0120	0.0097	0.0188	0.0225	0.0252	0.0040	0.0269
28	공공행정 및 국방	0.0000	0.0000	0.0000	0.0000	0.0000	0.0000	0.0000
29	교육 및 보건	0.0058	0.0025	0.0092	0.0059	0.0158	0.0042	0.0356
30	문화오락서비스	0.0000	0.0000	0.0000	0.0000	0.0000	0.0000	0.0000
31	영화연극예술	0.0000	0.0000	0.0000	0.0000	0.0000	0.0000	0.0000
32	기타 서비스	0.0005	0.0009	0.0013	0.0017	0.0017	0.0001	0.0007
33	기타	0.0053	0.0074	0.0096	0.0239	0.0162	0.0015	0.0068

번호	부문명칭	15 수송장비	16 가구/기타 제조업	17 전력, 가스 및 수도	18 건설	19 도매	20 쇼핑업	21 음식점업
1	농림수산품	0.0000	0.0028	0.0000	0.0022	0.0000	0.0000	0.0532
2	광산품	0.0000	0.0005	0.0047	0.0037	0.0000	0.0000	0.0002
3	음식료품	0.0000	0.0000	0.0000	0.0000	0.0000	0.0000	0.2765
4	섬유 및 가죽제품	0.0060	0.0304	0.0003	0.0012	0.0018	0.0025	0.0012
5	목재 및 종이제품	0.0017	0.0676	0.0001	0.0141	0.0016	0.0038	0.0047
6	인쇄, 출판 및 복제	0.0004	0.0030	0.0004	0.0012	0.0030	0.0067	0.0011
7	석유 및 석탄제품	0.0049	0.0111	0.0456	0.0103	0.0196	0.0169	0.0251
8	화학제품	0.0407	0.0944	0.0172	0.0304	0.0012	0.0024	0.0032
9	비금속광물제품	0.0039	0.0103	0.0005	0.0885	0.0001	0.0004	0.0016
10	제1차금속제품	0.0398	0.0356	0.0016	0.0534	−0.0005	−0.0001	0.0001
11	금속제품	0.0126	0.0275	0.0008	0.0709	0.0003	0.0005	0.0017
12	일반기계	0.0311	0.0055	0.0042	0.0307	0.0010	0.0012	0.0008
13	전기 및 전자기기	0.0275	0.0134	0.0063	0.0407	0.0024	0.0020	0.0033
14	정밀기기	0.0046	0.0004	0.0010	0.0016	0.0002	0.0005	0.0000
15	수송장비	0.1780	0.0011	0.0004	0.0011	0.0010	0.0014	0.0003
16	가구/기타 제조업	0.0058	0.0155	0.0001	0.0045	0.0009	0.0013	0.0058
17	전력, 가스 및 수도	0.0051	0.0104	0.0948	0.0024	0.0051	0.0269	0.0208
18	건설	0.0002	0.0003	0.0254	0.0003	0.0011	0.0026	0.0037
19	도매	0.0110	0.0223	0.0025	0.0147	0.0233	0.0018	0.0149
20	쇼핑업	0.0080	0.0158	0.0014	0.0101	0.0024	0.0035	0.0320
21	음식점업	0.0000	0.0000	0.0000	0.0000	0.0000	0.0000	0.0000
22	숙박업	0.0000	0.0000	0.0000	0.0000	0.0000	0.0000	0.0000
23	운수 및 보관	0.0042	0.0083	0.0019	0.0078	0.0040	0.0024	0.0073
24	관광교통업	0.0007	0.0036	0.0007	0.0016	0.0203	0.0064	0.0007
25	통신 및 방송	0.0021	0.0050	0.0024	0.0039	0.0408	0.0627	0.0042
26	금융 및 보험	0.0144	0.0156	0.0247	0.0196	0.0275	0.0354	0.0104
27	부동산/사업서비스	0.0132	0.0390	0.0124	0.0932	0.0895	0.1480	0.0702
28	공공행정 및 국방	0.0000	0.0000	0.0000	0.0000	0.0000	0.0000	0.0000
29	교육 및 보건	0.0092	0.0050	0.0093	0.0087	0.0038	0.0073	0.0042
30	문화오락서비스	0.0000	0.0000	0.0000	0.0000	0.0000	0.0000	0.0000
31	영화연극예술	0.0000	0.0000	0.0000	0.0000	0.0000	0.0000	0.0000
32	기타 서비스	0.0006	0.0012	0.0005	0.0013	0.0016	0.0020	0.0007
33	기타	0.0043	0.0171	0.0061	0.0112	0.0367	0.0339	0.0047

번호	부문명칭	22 숙박업	23 운수 및 보관	24 관광 교통업	25 통신 및 방송	26 금융 및 보험	27 부동산 및 사업서비스	28 공공행정 및 국방
1	농림수산품	0.0000	0.0000	0.0000	0.0000	0.0000	0.0001	0.0002
2	광산품	0.0000	0.0000	0.0000	0.0000	0.0000	0.0000	0.0000
3	음식료품	0.0010	0.0000	0.0000	0.0000	0.0000	0.0000	0.0002
4	섬유 및 가죽제품	0.0079	0.0010	0.0007	0.0004	0.0004	0.0004	0.0037
5	목재 및 종이제품	0.0096	0.0007	0.0004	0.0002	0.0002	0.0009	0.0005
6	인쇄, 출판 및 복제	0.0046	0.0013	0.0034	0.0041	0.0087	0.0187	0.0061
7	석유 및 석탄제품	0.0424	0.1230	0.1075	0.0044	0.0041	0.0063	0.0142
8	화학제품	0.0176	0.0070	0.0090	0.0007	0.0004	0.0028	0.0052
9	비금속광물제품	0.0017	0.0001	0.0001	0.0001	0.0000	0.0000	0.0003
10	제1차금속제품	0.0000	0.0000	0.0002	0.0000	0.0000	0.0000	0.0002
11	금속제품	0.0013	0.0016	0.0007	0.0002	0.0009	0.0002	0.0023
12	일반기계	0.0019	0.0014	0.0007	0.0002	0.0001	0.0013	0.0204
13	전기 및 전자기기	0.0087	0.0028	0.0040	0.0182	0.0032	0.0034	0.0029
14	정밀기기	0.0000	0.0001	0.0005	0.0009	0.0000	0.0006	0.0011
15	수송장비	0.0007	0.0257	0.0312	0.0006	0.0004	0.0011	0.0165
16	가구 / 기타 제조업	0.0050	0.0002	0.0003	0.0009	0.0006	0.0010	0.0012
17	전력, 가스 및 수도	0.0571	0.0037	0.0052	0.0095	0.0055	0.0132	0.0126
18	건설	0.0061	0.0006	0.0004	0.0030	0.0007	0.0481	0.0053
19	도매	0.0039	0.0033	0.0049	0.0017	0.0008	0.0010	0.0040
20	쇼핑업	0.0085	0.0046	0.0073	0.0027	0.0015	0.0017	0.0042
21	음식점업	0.0000	0.0000	0.0000	0.0000	0.0000	0.0000	0.0000
22	숙박업	0.0000	0.0000	0.0000	0.0000	0.0000	0.0000	0.0000
23	운수 및 보관	0.0030	0.0348	0.0294	0.0011	0.0010	0.0012	0.0013
24	관광교통업	0.0047	0.0214	0.0123	0.0042	0.0093	0.0038	0.0093
25	통신 및 방송	0.0294	0.0065	0.0080	0.1431	0.0214	0.0261	0.0093
26	금융 및 보험	0.0190	0.0241	0.0214	0.0194	0.1294	0.0526	0.0115
27	부동산 / 사업서비스	0.0739	0.0423	0.0325	0.0631	0.0704	0.0627	0.0358
28	공공행정 및 국방	0.0000	0.0000	0.0000	0.0000	0.0000	0.0000	0.0000
29	교육 및 보건	0.0095	0.0054	0.0054	0.0085	0.0039	0.0071	0.0052
30	문화오락서비스	0.0000	0.0000	0.0000	0.0000	0.0000	0.0000	0.0000
31	영화연극예술	0.0000	0.0000	0.0001	0.0181	0.0000	0.0021	0.0004
32	기타 서비스	0.0064	0.0066	0.0058	0.0009	0.0023	0.0010	0.0020
33	기타	0.0230	0.0145	0.0154	0.0657	0.0310	0.0218	0.0517

번호	부문명칭	29 교육 및 보건	30 문화오락 서비스	31 영상오락 서비스	32 기타 사회서비스	33 기타
1	농림수산품	0.0021	0.0003	0.0000	0.0001	0.0140
2	광산품	0.0000	0.0000	0.0000	0.0000	0.0004
3	음식료품	0.0002	0.0018	0.0000	0.0000	0.0541
4	섬유 및 가죽제품	0.0009	0.0006	0.0066	0.0061	0.0304
5	목재 및 종이제품	0.0007	0.0004	0.0021	0.0013	0.0357
6	인쇄, 출판 및 복제	0.0088	0.0025	0.0080	0.0118	0.0110
7	석유 및 석탄제품	0.0134	0.0027	0.0160	0.0251	0.0090
8	화학제품	0.0906	0.0024	0.0115	0.0484	0.0368
9	비금속광물제품	0.0006	0.0000	0.0006	0.0022	0.0065
10	제1차금속제품	0.0004	0.0000	0.0001	0.0001	0.0011
11	금속제품	0.0004	0.0001	0.0005	0.0041	0.0089
12	일반기계	0.0019	0.0004	0.0010	0.0051	0.0038
13	전기 및 전자기기	0.0055	0.0014	0.0066	0.0287	0.0112
14	정밀기기	0.0039	0.0001	0.0031	0.0004	0.0027
15	수송장비	0.0020	0.0003	0.0029	0.0728	0.0002
16	가구 / 기타 제조업	0.0036	0.0016	0.0040	0.0032	0.0186
17	전력, 가스 및 수도	0.0144	0.0047	0.0107	0.0175	0.0008
18	건설	0.0030	0.0012	0.0017	0.0038	0.0000
19	도매	0.0106	0.0009	0.0048	0.0068	0.0152
20	쇼핑업	0.0047	0.0017	0.0085	0.0092	0.0312
21	음식점업	0.0000	0.0000	0.0000	0.0000	0.4233
22	숙박업	0.0000	0.0000	0.0000	0.0000	0.0356
23	운수 및 보관	0.0019	0.0003	0.0015	0.0018	0.0054
24	관광교통업	0.0026	0.0004	0.0035	0.0070	0.0102
25	통신 및 방송	0.0066	0.0041	0.0172	0.0161	0.0173
26	금융 및 보험	0.0182	0.0050	0.0158	0.0210	0.0055
27	부동산 / 사업서비스	0.0469	0.0304	0.1121	0.1382	0.0000
28	공공행정 및 국방	0.0000	0.0000	0.0000	0.0000	0.0000
29	교육 및 보건	0.0174	0.0007	0.0044	0.0049	0.0000
30	문화오락서비스	0.0000	0.0012	0.0000	0.0000	0.0106
31	영화연극예술	0.0001	0.0013	0.2183	0.0000	0.0022
32	기타 서비스	0.0028	0.0007	0.0036	0.0019	0.0045
33	기타	0.0403	0.0108	0.0269	0.0762	0.0000

5. 부산지역 생산유발계수행렬표

번호	부문명칭	1 농림수산품	2 광산품	3 음식료품	4 섬유 및 가죽제품	5 목재 및 종이제품	6 인쇄, 출판 및 복제	7 석유 및 석탄제품
1	농림수산품	1.0396	0.0005	0.2643	0.0046	0.0045	0.0023	0.0000
2	광산품	0.0001	1.0000	0.0006	0.0004	0.0007	0.0002	0.0001
3	음식료품	0.0640	0.0007	1.0851	0.0106	0.0036	0.0043	0.0001
4	섬유 및 가죽제품	0.0028	0.0003	0.0020	1.3278	0.0046	0.0028	0.0000
5	목재 및 종이제품	0.0061	0.0010	0.0156	0.0166	1.1667	0.1327	0.0000
6	인쇄, 출판 및 복제	0.0014	0.0004	0.0027	0.0061	0.0036	1.0464	0.0001
7	석유 및 석탄제품	0.0177	0.0062	0.0151	0.0279	0.0160	0.0094	1.0015
8	화학제품	0.0439	0.0020	0.0355	0.1936	0.0398	0.0297	0.0006
9	비금속광물제품	0.0009	0.0002	0.0054	0.0023	0.0032	0.0010	0.0000
10	제1차금속제품	0.0030	0.0009	0.0066	0.0065	0.0042	0.0024	0.0003
11	금속제품	0.0018	0.0005	0.0110	0.0069	0.0035	0.0016	0.0003
12	일반기계	0.0040	0.0012	0.0033	0.0066	0.0047	0.0040	0.0002
13	전기 및 전자기기	0.0020	0.0007	0.0018	0.0037	0.0023	0.0035	0.0001
14	정밀기기	0.0006	0.0001	0.0004	0.0006	0.0004	0.0004	0.0000
15	수송장비	0.0023	0.0020	0.0018	0.0023	0.0018	0.0022	0.0000
16	가구 / 기타 제조업	0.0005	0.0001	0.0020	0.0062	0.0006	0.0007	0.0000
17	전력, 가스 및 수도	0.0042	0.0042	0.0095	0.0273	0.0238	0.0088	0.0006
18	건설	0.0020	0.0007	0.0026	0.0048	0.0023	0.0029	0.0001
19	도매	0.0046	0.0005	0.0155	0.0234	0.0152	0.0131	0.0001
20	쇼핑업	0.0057	0.0007	0.0151	0.0229	0.0061	0.0078	0.0001
21	음식점업	0.0042	0.0016	0.0059	0.0170	0.0058	0.0094	0.0002
22	숙박업	0.0004	0.0001	0.0005	0.0014	0.0005	0.0008	0.0000
23	운수 및 보관	0.0034	0.0010	0.0079	0.0150	0.0085	0.0052	0.0003
24	관광교통업	0.0014	0.0006	0.0029	0.0073	0.0029	0.0069	0.0001
25	통신 및 방송	0.0046	0.0012	0.0071	0.0157	0.0081	0.0129	0.0002
26	금융 및 보험	0.0193	0.0072	0.0198	0.0435	0.0251	0.0193	0.0006
27	부동산 / 사업서비스	0.0288	0.0087	0.0367	0.0594	0.0256	0.0498	0.0007
28	공공행정 및 국방	0.0000	0.0000	0.0000	0.0000	0.0000	0.0000	0.0000
29	교육 및 보건	0.0026	0.0004	0.0044	0.0084	0.0040	0.0032	0.0001
30	문화오락서비스	0.0001	0.0000	0.0001	0.0004	0.0001	0.0002	0.0000
31	영화연극예술	0.0002	0.0001	0.0003	0.0007	0.0003	0.0082	0.0000
32	기타 서비스	0.0007	0.0003	0.0012	0.0032	0.0013	0.0011	0.0000
33	기타	0.0099	0.0039	0.0140	0.0401	0.0136	0.0222	0.0004

번호	부문명칭	8 화학제품	9 비금속 광물제품	10 제1차 금속제품	11 금속제품	12 일반기계	13 전기 및 전자기기	14 정밀기기
1	농림수산품	0.0018	0.0010	0.0020	0.0034	0.0028	0.0003	0.0013
2	광산품	0.0006	0.0371	0.0081	0.0028	0.0019	0.0002	0.0005
3	음식료품	0.0031	0.0021	0.0044	0.0074	0.0060	0.0005	0.0025
4	섬유 및 가죽제품	0.0025	0.0016	0.0021	0.0039	0.0036	0.0004	0.0029
5	목재 및 종이제품	0.0043	0.0068	0.0041	0.0140	0.0094	0.0015	0.0057
6	인쇄, 출판 및 복제	0.0020	0.0015	0.0026	0.0044	0.0041	0.0006	0.0028
7	석유 및 석탄제품	0.0249	0.0311	0.0575	0.0397	0.0298	0.0019	0.0084
8	화학제품	1.1246	0.0144	0.0207	0.0508	0.0546	0.0078	0.0334
9	비금속광물제품	0.0027	1.0620	0.0228	0.0108	0.0090	0.0027	0.0082
10	제1차금속제품	0.0052	0.0091	1.7010	0.4899	0.2780	0.0098	0.0300
11	금속제품	0.0038	0.0042	0.0086	1.1163	0.0602	0.0020	0.0124
12	일반기계	0.0055	0.0058	0.0147	0.0271	1.2097	0.0018	0.0070
13	전기 및 전자기기	0.0015	0.0026	0.0061	0.0096	0.0601	1.0354	0.0815
14	정밀기기	0.0005	0.0003	0.0012	0.0020	0.0126	0.0009	1.0423
15	수송장비	0.0009	0.0033	0.0023	0.0038	0.0072	0.0002	0.0013
16	가구 / 기타 제조업	0.0004	0.0004	0.0008	0.0029	0.0014	0.0001	0.0011
17	전력, 가스 및 수도	0.0144	0.0192	0.0739	0.0441	0.0291	0.0025	0.0096
18	건설	0.0016	0.0017	0.0056	0.0051	0.0047	0.0005	0.0026
19	도매	0.0080	0.0066	0.0216	0.0280	0.0302	0.0047	0.0164
20	쇼핑업	0.0042	0.0036	0.0050	0.0124	0.0142	0.0022	0.0089
21	음식점업	0.0036	0.0046	0.0097	0.0165	0.0133	0.0012	0.0056
22	숙박업	0.0003	0.0004	0.0008	0.0014	0.0011	0.0001	0.0005
23	운수 및 보관	0.0034	0.0080	0.0167	0.0147	0.0128	0.0011	0.0046
24	관광교통업	0.0025	0.0022	0.0035	0.0058	0.0075	0.0008	0.0042
25	통신 및 방송	0.0041	0.0064	0.0102	0.0121	0.0126	0.0019	0.0077
26	금융 및 보험	0.0144	0.0220	0.0368	0.0400	0.0438	0.0048	0.0187
27	부동산 / 사업서비스	0.0194	0.0172	0.0466	0.0521	0.0556	0.0068	0.0405
28	공공행정 및 국방	0.0000	0.0000	0.0000	0.0000	0.0000	0.0000	0.0000
29	교육 및 보건	0.0074	0.0037	0.0182	0.0139	0.0250	0.0048	0.0396
30	문화오락서비스	0.0001	0.0001	0.0002	0.0004	0.0003	0.0000	0.0001
31	영화연극예술	0.0002	0.0002	0.0004	0.0006	0.0006	0.0001	0.0004
32	기타 서비스	0.0008	0.0013	0.0029	0.0033	0.0032	0.0002	0.0013
33	기타	0.0085	0.0110	0.0230	0.0389	0.0315	0.0028	0.0132

번호	부문명칭	15 수송장비	16 가구 / 기타 제조업	17 전력, 가스 및 수도	18 건설	19 도매	20 쇼핑업	21 음식점업
1	농림수산품	0.0012	0.0057	0.0010	0.0045	0.0040	0.0041	0.1294
2	광산품	0.0008	0.0015	0.0055	0.0079	0.0002	0.0003	0.0007
3	음식료품	0.0025	0.0058	0.0020	0.0048	0.0089	0.0090	0.3055
4	섬유 및 가죽제품	0.0111	0.0430	0.0011	0.0036	0.0048	0.0059	0.0034
5	목재 및 종이제품	0.0051	0.0837	0.0016	0.0209	0.0056	0.0091	0.0121
6	인쇄, 출판 및 복제	0.0022	0.0060	0.0017	0.0051	0.0069	0.0123	0.0045
7	석유 및 석탄제품	0.0149	0.0239	0.0534	0.0251	0.0269	0.0242	0.0354
8	화학제품	0.0647	0.1227	0.0253	0.0471	0.0073	0.0104	0.0200
9	비금속광물제품	0.0073	0.0135	0.0037	0.0974	0.0013	0.0022	0.0044
10	제1차금속제품	0.1023	0.0790	0.0092	0.1373	0.0017	0.0035	0.0054
11	금속제품	0.0208	0.0335	0.0040	0.0832	0.0019	0.0027	0.0064
12	일반기계	0.0477	0.0098	0.0072	0.0415	0.0024	0.0031	0.0032
13	전기 및 전자기기	0.0388	0.0169	0.0096	0.0471	0.0057	0.0065	0.0059
14	정밀기기	0.0066	0.0009	0.0014	0.0026	0.0006	0.0010	0.0004
15	수송장비	1.2176	0.0028	0.0011	0.0032	0.0028	0.0030	0.0018
16	가구 / 기타 제조업	0.0077	1.0168	0.0006	0.0055	0.0023	0.0029	0.0069
17	전력, 가스 및 수도	0.0150	0.0223	1.1069	0.0164	0.0099	0.0355	0.0294
18	건설	0.0024	0.0043	0.0294	1.0069	0.0071	0.0125	0.0096
19	도매	0.0180	0.0287	0.0044	0.0217	1.0261	0.0046	0.0211
20	쇼핑업	0.0122	0.0200	0.0028	0.0140	0.0057	1.0071	0.0379
21	음식점업	0.0054	0.0118	0.0045	0.0102	0.0199	0.0202	1.0066
22	숙박업	0.0005	0.0010	0.0004	0.0009	0.0017	0.0017	0.0006
23	운수 및 보관	0.0076	0.0121	0.0031	0.0122	0.0060	0.0042	0.0109
24	관광교통업	0.0026	0.0064	0.0017	0.0045	0.0230	0.0091	0.0032
25	통신 및 방송	0.0079	0.0138	0.0058	0.0138	0.0555	0.0826	0.0143
26	금융 및 보험	0.0293	0.0324	0.0355	0.0412	0.0434	0.0572	0.0282
27	부동산 / 사업서비스	0.0318	0.0625	0.0240	0.1203	0.1115	0.1761	0.0996
28	공공행정 및 국방	0.0000	0.0000	0.0000	0.0000	0.0000	0.0000	0.0000
29	교육 및 보건	0.0150	0.0090	0.0117	0.0140	0.0061	0.0108	0.0074
30	문화오락서비스	0.0001	0.0003	0.0001	0.0003	0.0005	0.0005	0.0002
31	영화연극예술	0.0003	0.0006	0.0002	0.0007	0.0018	0.0026	0.0007
32	기타 서비스	0.0014	0.0022	0.0009	0.0025	0.0024	0.0029	0.0015
33	기타	0.0127	0.0279	0.0106	0.0241	0.0471	0.0476	0.0156

번호	부문명칭	22 숙박업	23 운수 및 보관	24 관광교통업	25 통신 및 방송	26 금융 및 보험	27 부동산 및 사업서비스	28 공공행정 및 국방
1	농림수산품	0.0032	0.0018	0.0018	0.0070	0.0035	0.0029	0.0051
2	광산품	0.0006	0.0001	0.0001	0.0002	0.0001	0.0005	0.0003
3	음식료품	0.0072	0.0039	0.0040	0.0157	0.0079	0.0059	0.0111
4	섬유 및 가죽제품	0.0125	0.0029	0.0024	0.0048	0.0026	0.0023	0.0079
5	목재 및 종이제품	0.0149	0.0028	0.0027	0.0061	0.0043	0.0068	0.0053
6	인쇄, 출판 및 복제	0.0080	0.0035	0.0055	0.0088	0.0133	0.0227	0.0086
7	석유 및 석탄제품	0.0507	0.1331	0.1160	0.0113	0.0094	0.0118	0.0204
8	화학제품	0.0289	0.0137	0.0160	0.0098	0.0056	0.0104	0.0147
9	비금속광물제품	0.0037	0.0010	0.0009	0.0019	0.0011	0.0056	0.0021
10	제1차금속제품	0.0046	0.0051	0.0053	0.0031	0.0022	0.0086	0.0110
11	금속제품	0.0037	0.0033	0.0024	0.0025	0.0024	0.0054	0.0059
12	일반기계	0.0041	0.0038	0.0031	0.0018	0.0012	0.0045	0.0266
13	전기 및 전자기기	0.0125	0.0057	0.0070	0.0250	0.0061	0.0083	0.0071
14	정밀기기	0.0005	0.0005	0.0010	0.0016	0.0003	0.0010	0.0019
15	수송장비	0.0023	0.0342	0.0402	0.0019	0.0017	0.0022	0.0213
16	가구 / 기타 제조업	0.0062	0.0011	0.0012	0.0033	0.0018	0.0022	0.0028
17	전력, 가스 및 수도	0.0677	0.0072	0.0088	0.0166	0.0103	0.0187	0.0178
18	건설	0.0127	0.0037	0.0031	0.0088	0.0059	0.0530	0.0085
19	도매	0.0067	0.0053	0.0070	0.0054	0.0029	0.0039	0.0075
20	쇼핑업	0.0114	0.0068	0.0095	0.0082	0.0044	0.0047	0.0082
21	음식점업	0.0138	0.0087	0.0090	0.0354	0.0178	0.0132	0.0244
22	숙박업	1.0012	0.0007	0.0008	0.0030	0.0015	0.0011	0.0021
23	운수 및 보관	0.0047	1.0376	0.0318	0.0031	0.0025	0.0029	0.0032
24	관광교통업	0.0067	0.0237	1.0143	0.0072	0.0122	0.0059	0.0111
25	통신 및 방송	0.0410	0.0124	0.0140	1.1748	0.0337	0.0370	0.0160
26	금융 및 보험	0.0341	0.0357	0.0318	0.0362	1.1577	0.0706	0.0213
27	부동산 / 사업서비스	0.0944	0.0569	0.0463	0.0939	0.0950	1.0860	0.0502
28	공공행정 및 국방	0.0000	0.0000	0.0000	0.0000	0.0000	0.0000	1.0000
29	교육 및 보건	0.0125	0.0074	0.0073	0.0121	0.0062	0.0097	0.0075
30	문화오락서비스	0.0003	0.0002	0.0002	0.0009	0.0004	0.0003	0.0006
31	영화연극예술	0.0014	0.0005	0.0007	0.0277	0.0013	0.0040	0.0012
32	기타 서비스	0.0071	0.0074	0.0065	0.0020	0.0031	0.0017	0.0027
33	기타	0.0325	0.0207	0.0212	0.0836	0.0420	0.0311	0.0576

번호	부문명칭	29 교육 및 보건	30 문화오락 서비스	31 영상오락 서비스	32 기타 사회서비스	33 기타
1	농림수산품	0.0064	0.0019	0.0039	0.0076	0.0847
2	광산품	0.0003	0.0001	0.0003	0.0005	0.0012
3	음식료품	0.0094	0.0044	0.0085	0.0167	0.1910
4	섬유 및 가죽제품	0.0038	0.0015	0.0137	0.0133	0.0441
5	목재 및 종이제품	0.0057	0.0019	0.0085	0.0096	0.0528
6	인쇄, 출판 및 복제	0.0119	0.0037	0.0155	0.0178	0.0154
7	석유 및 석탄제품	0.0205	0.0043	0.0271	0.0356	0.0342
8	화학제품	0.1094	0.0047	0.0254	0.0702	0.0656
9	비금속광물제품	0.0022	0.0005	0.0026	0.0053	0.0102
10	제1차금속제품	0.0043	0.0010	0.0044	0.0150	0.0128
11	금속제품	0.0025	0.0007	0.0030	0.0094	0.0151
12	일반기계	0.0040	0.0009	0.0034	0.0118	0.0078
13	전기 및 전자기기	0.0084	0.0022	0.0125	0.0367	0.0169
14	정밀기기	0.0044	0.0002	0.0045	0.0016	0.0033
15	수송장비	0.0034	0.0006	0.0058	0.0900	0.0028
16	가구 / 기타 제조업	0.0050	0.0020	0.0067	0.0062	0.0228
17	전력, 가스 및 수도	0.0205	0.0064	0.0209	0.0274	0.0218
18	건설	0.0069	0.0031	0.0112	0.0131	0.0061
19	도매	0.0140	0.0016	0.0092	0.0128	0.0289
20	쇼핑업	0.0081	0.0027	0.0145	0.0159	0.0510
21	음식점업	0.0200	0.0055	0.0190	0.0373	0.4305
22	숙박업	0.0017	0.0005	0.0016	0.0031	0.0362
23	운수 및 보관	0.0036	0.0007	0.0037	0.0049	0.0129
24	관광교통업	0.0046	0.0010	0.0069	0.0103	0.0138
25	통신 및 방송	0.0137	0.0069	0.0352	0.0301	0.0339
26	금융 및 보험	0.0299	0.0091	0.0387	0.0430	0.0292
27	부동산 / 사업서비스	0.0634	0.0361	0.1688	0.1681	0.0657
28	공공행정 및 국방	0.0000	0.0000	0.0000	0.0000	0.0000
29	교육 및 보건	1.0200	0.0014	0.0087	0.0095	0.0060
30	문화오락서비스	0.0005	1.0013	0.0005	0.0009	0.0108
31	영화연극예술	0.0008	0.0020	1.2808	0.0016	0.0040
32	기타 서비스	0.0035	0.0009	0.0054	1.0031	0.0061
33	기타	0.0472	0.0131	0.0450	0.0880	1.0170

6. 부산국제영화제 설문지

설 문 지

방문객 설문조사: 제 10 회 부산국제영화제

안녕하십니까?
본 설문조사는 「부산국제영화제 개최에 따른 관광산업의 경제적 파급효과분석에 관한 연구」라는 논제의 자료 수집 목적으로 작성되었습니다. 본 조사의 내용은 연구 목적으로만 사용될 것이며 응답자의 개인적인 내용은 공개되지 않을 것임을 약속드립니다. 귀하의 설문에 답한 고견은 향후 부산국제영화제의 육성 및 발전과 본 연구의 수행에 귀중한 자료로 활용할 것입니다.
설문조사에 응답해 주셔서 감사드리며, 즐거운 시간이 되시기를 기원합니다.

경희대학교 대학원 관광학전공
김 한 주

1. 이번 제10회 부산국제영화제 방문이 올해를 포함해서 몇 번째 방문이십니까?(연단위입니다. 만약, 올해만 방문하신 경우 1번째라고 작성하시면 됩니다.)   (   ) 번째

2. 이번 부산국제영화제가 부산을 방문하게 된 주요 동기이십니까?
   □ ① 예   □ ② 아니오

3. 이번 부산국제영화제 개최기간 중 몇 회 정도 영화를 관람하셨거나 관람하실 계획이십니까?   (   ) 회

4. 이번 부산국제영화제에 본인을 포함하여 몇 명이 함께 오셨습니까?

( ) 명

5. 일행과 함께 오신 경우, 누구와 함께 오셨습니까?

□ ① 친구 / 애인　　　□ ② 가족　　　　　□ ③ 혼자

□ ④ 단체　　　　　　□ ⑤ 기타

6. 이번 부산국제영화제 개최기간 중 체류기간을 포함하여 부산에서 며칠이나 체류하실 예정이십니까?　　( ) 일

7. 이번 부산국제영화제 기간 중 숙박한 기간을 포함하여 어디에서 숙박하실 예정이십니까?

□ ① 호텔　　　　　□ ② 콘도미니엄　　□ ③ 유스호스텔

□ ④ 여관 / 모텔　　□ ⑤ 민박　　　　　□ ⑥ 친구 / 친지집

□ ⑦ 기타(자세히:)

8. 이번 부산국제영화제에 관한 정보는 주로 어디에서 얻으셨습니까?

□ ① TV / 라디오　□ ② 신문 / 잡지　□ ③ 홍보책자

□ ④ 인터넷　　　□ ⑤ 친구 / 친지　□ ⑥ 영화동호회

□ ⑦ 여행사　　　□ ⑧ 현수막　□ ⑨ 기타(자세히:)

9. 다음은 부산국제영화제 방문에 따른 비용 지출에 대한 문항입니다. 이번 영화제 방문기간 동안 부산에서 지출하셨거나 지출하실 총비용을 항목별로 기입하여 주십시오.(지출액을 명 명 기준으로 기입하셨는지 아래의 '기준인원'을 적어 주십시오.)

기준인원: (   )명 기준

부산에서 지출한 비용 항목	지출액(원) (지출하지 않은 경우 '0'로 표시 부탁)
교통비(부산에서 지출한 주차비, 주유비, 대중교통비 등)	원
숙박비(부산에서 지출한 숙박비)	원
식음료비(부산에서 지출한 식대 및 음료)	원
영화관람료	원
유흥비(부산에서 지출한 노래방, 당구장, 술값 등)	원
쇼핑비(부산에서 구입한 기념품 등)	원
기타 비용(구체 항목:)	원

10. 다음은 부산국제영화제에 대한 만족도 평가에 관한 문항입니다. 이번 영화제에 전체적으로 느끼시는 만족도가 어느 정도인지 해당되는 곳에 √표하여 주시기 바랍니다.

만족도 평가	전혀 그렇지 않다	그렇지 않다	그저 그렇다	그렇다	매우 그렇다
이 영화제를 방문하기로 한 나의 결정에 대하여 만족한다.					
이 영화제를 관람한 나의 느낌은 좋다.					
이 영화제의 프로그램과 운영 등에 대해 나는 전반적으로 만족한다.					
(재방문의 경우) 이 영화제는 지난번에 방문한 영화제에 비해 만족도가 향상되었다.					

11. 다음은 부산국제영화제에 대한 애호도 평가에 대한 문항입니다. 재방문 및 추천의사에 대하여 느끼신 정도를 해당되는 곳에 √표하여 주시기 바랍니다.

재방문 및 추천의사(애호도 평가)	전혀 그렇지 않다	그렇지 않다	그저 그렇다	그렇다	매우 그렇다
이 영화제를 다음에도 다시 방문하겠다.					
이 영화제를 친구나 이웃에게 권유하겠다.					
이 영화제를 주위 분들에게 긍정적으로 이야기 하겠다.					

12. 다음은 귀하에 관한 일반적인 사항에 관한 문항입니다. √표하여 주시기 바랍니다.

가. 귀하의 현 거주지는?

   ☐ ① 국외(국가명:　　　　　)　　☐ ② 국내(＿＿＿＿＿ 광역시·도)

나. 귀하의 성별은?

   ☐ ① 남　　　　☐ ② 여

다. 귀하의 연령은?

   ☐ ① 20세 미만　☐ ② 20~29세　☐ ③ 30~39세

   ☐ ④ 40~49세　☐ ⑤ 50세 이상

라. 귀하의 교육수준은?

   ☐ ① 국졸 이하　☐ ② 중·고등학교　☐ ③ 전문대학

   ☐ ④ 대학교　　☐ ⑤ 대학원 이상

마. 귀하의 전공은?

   ☐ ① 영화 전공　　☐ ② 비영화 전공

바. 귀하의 결혼 여부는?

　　□ ① 미혼　　　□ ② 기혼　　　□ ③ 기타

사. 귀하의 직업은?(해당되는 항목에 복수로 √표하여 주시기 바랍니다.)

　　□ ① 회사원　　□ ② 공무원　　□ ③ 학생　　□ ④ 자영업

　　□ ⑤ 전문직　　□ ⑥ 영상관련산업　□ ⑦ 농·임·수산·광업

　　□ ⑧ 제조업　　□ ⑨ 전기, 가스 및 수도, 건설업

　　□ ⑩ 도소매업　□ ⑪ 숙박 및 음식점업

　　□ ⑫ 운수업　　□ ⑬ 금융 및 보험, 부동산업

　　□ ⑭ 오락, 문화 및 운동관련 산업　□ ⑮ 기타(자세히:　　　　)

아. 귀하의 월평균 소득은?

　　□ ① 100만 원 미만　　□ ② 100~299만 원

　　□ ③ 300~499만 원　　□ ④ 500~999만 원

　　□ ⑤ 1,000만 원 이상

자. 이번 부산국제영화제 중 가장 재미있거나 인상 깊었던 내용을 3가
　　지만 제시한다면?

　　1)

　　2)

　　3)

차. 이번 부산국제영화제 중 가장 불편했거나 불만족한 내용을 3가지
　　만 제시한다면?

　　1)

2)

3)

카. 부산국제영화제가 더욱 발전하기 위한 방안을 제시한다면?

♣ 끝까지 응답해 주셔서 감사합니다. 즐거운 시간 되십시오. ♣

Questionnaire

Visitor Survey: The 10th Pusan International Film Festival(PIFF)

Hello.

This survey is for collecting data for the dissertation, "The Study on the Analysis of Economic Spin-offs in the Tourism Industry Related with PIFF". We promise this survey will be used only for study and that your personal information will be confidential. Your reply to every question will be used to improve PIFF and to help this study.

Thank you.

Graduate School Tourism Major
Kyunghee University

Han-Ju Kim

1. How many times have you attended PIFF including this year?

(   ) times

2. Is attending PIFF your main motive for visiting Busan?

☐ ① Yes   ☐ ② No

3. How many times did you / will you see the movies during PIFF?

(   ) times

4. How many persons came to PIFF with you including yourself?

(   ) persons

5. Who came with you to PIFF when you have members of a party?

☐ ① friend   ☐ ② family

☐ ③ alone   ☐ ④ party   ☐ ⑤ other

6. How long are you going to stay in Busan including your stay during PIFF?   (   ) days

7. What accommodation do you plan to use at during your visit to PIFF?

☐ ① hotel   ☐ ② condominium   ☐ ③ youth hostel

☐ ④ motel   ☐ ⑤ private lodging

☐ ⑥ friend's(relative's)   ☐ ⑦ other

8. What is your main source of information about PIFF?

☐ ① TV / radio   ☐ ② newspaper / magazine

☐ ③ PIFF brochure   ☐ ④ Internet

☐ ⑤ friends / relatives   ☐ ⑥ movie club

☐ ⑦ travel agency   ☐ ⑧ placard

☐ ⑨ other(in detail:)

9. The following is a survey about the expenses you spent during PIFF. Fill out the form with the amount of money you spent / will spend during your visit to PIFF.(Please write in the following parentheses the number of persons you base your estimate spending on.)

the number of persons on an basis: (   ) persons

Expense items spent in Busan	total(won) (when not spent, write '0')
Transportation expenses(parking, gasoline, public transportation etc., spent in Busan)	won
Accommodation expenses(spent in Busan)	won
Expenses for food & drinks(spent in Busan)	won
Expenses for movies	won
Expenses for pleasure(alcohols, billiards etc., spent in Busan)	won
Expenses for shopping(souvenirs etc., spent in Busan)	won
Others (items in detail:)	won

10. The following is about a consumer satisfaction survey of PIFF. Please check the scale of your satisfaction about your PIFF experience.

Satisfaction	strongly dissatisfied	→	→	→	very satisfied
	1	2	3	4	5
Satisfied with my decision to visit PIFF					
Feel good about PIFF					
Satisfied with the programs and management of PIFF					
(When not a first visit) more satisfied this year than last year with PIFF					

11. The following is a survey of likings for PIFF. Please check(ⅴ) the column you feel about your revisit or recommendation to others about PIFF.

Revisit or recommendation to others(Likings)	definitely will not	→	→	→	definitely will
	1	2	3	4	5
Will visit PIFF again					
Will recommend PIFF to others					
Will talk favorably about PIFF					

12. The following is about yourself. Please check(√) when you are concerned with.

A. Where do you live?

    ☐ ① Outside Korea(country name:)

    ☐ ② Inside Korea(city name:________________)

B. Are you male or female?

    ☐ ① male   ☐ ② female

C. How old are you?

    ☐ ① under 20 years   ☐ ② 20~29 years   ☐ ③ 30~39 years

    ☐ ④ 40~49 years   ☐ ⑤ above 50 years

D. What level of education did you complete?

    ☐ ① elementary school   ☐ ② middle / high school

    ☐ ③ 2 year college   ☐ ④ university

    ☐ ⑤ above graduate school

E. What is your major?
　　□ ① movie　　　　　□ ② non-movie

F. Marital status?
　　□ ① single　　　□ ② married　　　□ ③ other

G. What is your job?(check all that apply)
　　□ ① company employee　　　□ ② public servant
　　□ ③ student　　　　　　　　□ ④ self-employed
　　□ ⑤ profession　　　　　　　□ ⑥ image industry
　　□ ⑦ primary industry　　　　□ ⑧ manufacturing industry
　　□ ⑨ utilities & construction industry
　　□ ⑩ wholesale and retail trade
　　□ ⑪ accommodation & restaurant
　　□ ⑫ transportation
　　□ ⑬ finance, insurance & real estate
　　□ ⑭ amusement, recreation & sports industry
　　□ ⑮ others(in detail:　　　　　　　　)

H. How much is your income a month?
　　□ ① under 1 million won　　□ ② 1~2.99 million won
　　□ ③ 3~4.99 million won　　□ ④ 5~9.99 million won
　　□ ⑤ above 10 million won

I. What was the most interesting / impressive thing during your visit
to PIFF?(please write three)
1)
2)
3)

J. Do you have any complaints about PIFF?
1)
2)
3)

K. Please give us your proposal to improve PIFF.

♣ Thank you very much for your reply. Enjoy your stay in Busan ♣

設 問 用 紙
訪問客設問調査 :第 10 回釜山国際映画祭

こんにちは?
本設問調査は『釜山国際映画祭開催による観光産業の経済的波及効果分析に関する研究』という論題の
資料収集を目的に作成しました。本調査の内容は、研究目的だけに使われ、回答された方々の個人的な
内容は公開しないことをお約束いたします。本設問に回答された方々の貴重なご意見は、今後釜山国際映
画祭の育成及び発展と本研究の遂行に貴重な資料として活用するものになるはずです。
本設問調査に回答してくださり誠にありがとうございます。楽しい時間をお過ごしくださいませ。

2005 年 10 月

慶熙大学校大学院観光学専攻

キム ハンジュ

1. 今年の第 10 回釜山国際映画祭訪問を含めて何度目の訪問ですか?
  (.もし、今年だけ来訪された場合 1 回目とお書きください.)
    (   )回目

2. 釜山を訪問されたのは、この釜山国際映画祭が主要な動機ですか?
    □ ① はい   □ ② いいえ

3. この釜山国際映画祭開催期間中、何本ぐらい映画を観覧された、あるいは観覧なさる計画ですか?
    (   )本

4. この釜山国際映画祭に本人を含めて、何人で来られましたか?
    (   )名

5. (4で、どなたかとご一緒に来られたと回答された場合のみお答えください)どなたと一緒に来られましたか?
    □ ①友人/恋人   □ ②家族   □ ③一人   □ ④団体   □ ⑤その他

6. この釜山国際映画祭開催期間中、滞留期間を含めて釜山で何日滞在なさるご予定ですか?
    (   )日

7. この釜山国際映画祭期間中、宿泊した期間を含め、どちらに宿泊なさるご予定ですか?
    □①ホテル   □②コンドミニアム   □③ユースホステル   □④旅館/モーテル   □ ⑤民泊
    □⑥友人/知り合いの家   □ ⑦その他（詳しく: ）

8. 今回釜山国際映画祭に関した情報は主にどこから手に入れられましたか?
    □①T/V/ラジオ   □②新聞/雑誌   □③広報の書物   □ ④インターネット   □ ⑤友人/知り合い
    □⑥映画同好会   □⑦旅行社   □⑧横断幕   □ ⑨その他（詳しく: ）

9. 次は釜山国際映画祭訪問でかかった費用に対する項目です。今回の映画祭訪問期間
   釜山で使われた、あるいは使われる総費用を項目別にご記入ください。
   （支出額は　何名の基準で記入されたのか下の　'基準人員'をお書きください）

基準人員 :（　　　　　　　）名基準

釜山で支出した費用の項目	支出額（ウォン） （支出がない場合 "0"とお書きください）
交通費（釜山で支出した駐車代、ガソリン代,大衆交通費等）	ウォン
宿泊費（釜山で支出した宿泊費）	ウォン
飲食費（釜山で支出した飲食料費）	ウォン
映画観覧料	ウォン
遊興費（釜山で支出したカラオケ,ビリヤード,酒代等）	ウォン
ショッピング（釜山で購入した記念品等）	ウォン
その他の費用 （具体項目：　　　　　　　　　　　　　　　　　　）	ウォン

10. 次は釜山国際映画祭に対する満足度評価に関する項目です。今回映画祭において全体的に感じる
満足度がどの程度なのか、該当する箇所に　✓印をご記入ください。

満足度の評価	まったく そんなことはない	そんな ことはない	まあ そのとおりだ	その とおりだ	まったく そのとおりだ
この映画祭を訪問することにした自分の 決定に満足している。					
この映画祭を観覧して自分の気分は良い。					
この映画祭のプログラムや運営などに 私は全般的に満足している。					
（再訪問の場合）今回の映画祭は以前に 訪問した映画祭よりも満足度がアップした。					

11. 次に釜山国際映画祭に対する愛好度評価に対する項目です。再び訪問しようとか他の人に推薦したい
気持ちをどのくらいお持ちになりましたか？該当する箇所に　✓印をご記入ください。

再訪問及び推薦の意思（愛好度評価）	まったく そんなことはない	そんな ことはない	まあ そのとおりだ	その とおりだ	まったく そのとおりだ
この映画祭を次にもまた訪問する。					
この映画祭を友人や周りの人に勧誘する。					
この映画祭をまわり人に肯定的に話する。					

2. 次は貴下の一般的な事項に関する項目です。✓印でご記入ください。

a. 貴下の現在のお住まいは?
　　□ ①国外（国家名　　　　　）　　□ ②国内（＿＿広域市 ・ 道）

b. 貴下の性別は？　　　□ ①男性　　　□ ②女性

c. 貴下の年齢は?
　　□ ① 20 歳未満　　□ ② 20〜29 才　　□ ③ 30〜39 才　　□ ④ 40〜49 才　　□ ⑤50 才以上

d. 最終学歴
　　□ ①小卒以下　　□ ②中・高等学校　　□ ③専門大学　　□ ④大学　　□ ⑤大学院の以上

e. 貴下の専攻は、　　□ ①映画専攻　　　□ ②非映画専攻

f. 結婚の有無　　　□ ①未婚　　□ ②既婚　　□ ③その他

g. ご職業は?(該当する箇所に　✓印をご記入ください。　.)
　　□ ①会社員　　　　□ ②公務員　　　□ ③学生　　　□ ④自営業　　　□ ⑤専門職
　　□ ⑥映像関連産業　　□ ⑦農・林・水産・鉱業　　□ ⑧製造業　　□ ⑨電気、ガス及び水道,建設業
　　□ ⑩卸小売業　　□ ⑪宿泊及び飲食店業　　□ ⑫運輸業　　□ ⑬金融及び保険,不動産業
　　□ ⑭娯楽,文化及び運動関連産業　　□ ⑮その他（詳しく:　　　　　　　　　　）

h. 月平均所得は?
　　□ ① 100 万ウォン未満　　　□ ② 100〜299 万ウォン　　　□ ③ 300〜499 万ウォン
　　□ ④ 500〜999 万ウォン　　　□ ⑤ 1,000 万ウォン以上

i. この釜山国際映画祭の期間中、最も面白かったり印象深かった内容を 3 つだけ提示するのなら?
　　1)
　　2)
　　3)

j. この釜山国際映画祭の期間中、最も不評であるとか不満足な内容を 3 つだけ提示するのなら?
　　1)
　　2)
　　3)

k. 釜山国際映画祭がますます発展するための方案を提示するなら ?

✿ 最後までご回答くださりありがとうございました。楽しいひと時をお過ごしください ✿

問　卷

受問者訪問調查：　第十屆釜山國際電影節

您好!

本問卷是爲「隨着擧辦釜山國際電影節，對觀光業的經濟效果分析的有關研究」這一論文資料收集爲目的而完成的。這次調查內容只爲研究目的而用，因此有關受問者的個人內容以不公開爲準。受問者的意見將用於釜山國際電影節的推行及發展，同時會對本人的論文提供寶貴的資料。

對問卷眞誠的意見，本人表示深厚的謝意。

祝您

身體健康! 萬事如意!

慶熙大學　觀光學研究所

金　漢　柱

1. 除了本屆之外，曾經參加過幾次(包括這次)?(年數爲主，若僅有今年者寫作一次)　　(　　　　)次

2. 訪問釜山的主要原因是爲本屆釜山國際電影節嗎?

　□ ① 是　　　　　□ ② 否

3. 在本屆釜山國際電影節期間，觀賞了幾部電影或打算觀賞幾部電影?

　(　　　　)部

4. 在本屆釜山國際電影節，同行人數有幾名(包含受問者)?

　(　　　　)人

5. 若有同行者, 是哪一位?

□ ① 朋友 / 情人　　□ ② 家人　　□ ③ 自己

□ ④ 團體　□ ⑤ 其他

6. 在本屆釜山國際電影節期間, 您打算待留幾天?　　　　(　　　)日

7. 在本屆釜山國際電影節期間, 您住宿的地方呢?

□ ① 大飯店　　□ ② 休閑屋　　□ ③ 靑年旅舍

□ ④ 旅館賓館　　□ ⑤ 家庭寄宿　　□ ⑥ 朋友 / 親戚家

□ ⑦ 其他(詳細：　　　　　)

8. 對本屆釜山國際電影節的消息來源呢?

□ ① 電視 / 廣播　　□ ② 報紙 / 雜誌　　□ ③ 宣傳

□ ④ 因特網　　□ ⑤ 朋友 / 親戚　　□ ⑥ 電影迷會

□ ⑦ 旅行社　　□ ⑧ 橫幅　　□ ⑨ 其他(詳細：　　　　　)

9. 下表爲參訪釜山國際電影節的費用項目。本屆電影節期間, 請將在釜山已有支出或要支出的總費用塡寫。(請在下表 ‘基準人員’ 項目中, 塡寫支出金額的人數)

基準人員：(　　　　)名爲準

在釜山消費支出的項目	消費額(元 / 韓幣) (沒有支出的項目塡寫‘0’)
交通費(包含停車費、燃料費、大衆交通費等)	元
住宿費(在釜山住宿的費用)	元
飮食費(在釜山支出的費用)	元
電影觀賞費	元
娛樂費(在釜山支出的歌練廳、台球室、酒店等娛樂之類)	元
購物費(在釜山購物的紀念品等)	元
其他費用(具體項目：　　　　　)	元

10. 下表爲對釜山國際電影節的滿意程度評價問卷。您對本屆電影節的整體
    滿意程度如何，請在適當的表格中用'√'塡寫。

滿意程度評價	完全不滿意	不滿意	一般	滿意	完全滿意
我對這次參加電影節的訪問大體滿意					
我對這次電影節的觀賞感覺滿意					
我對這次電影節的節目行程、安排及運作全體上滿意					
多次訪問時：我認爲本屆電影節比上屆好多了					

11. 下表爲對釜山國際電影節的愛好程度評價問卷。您對再次訪問及推薦的
    部分有何感受，請在適當表格中用'√'塡寫。

再次訪問及推薦(愛好評價)	完全否定	否定	一般	肯定	完全肯定
將要再次訪問下屆電影節					
打算推薦朋友或鄰居					
將對周圍人說明這次電影節的肯定的部分					

12. 下列爲受訪者的一般性情況調查問卷。請在適當的部分中用'√'塡寫。

   (1) 您的現住址?

      □ ① 國外(國家名：　　　　)　　　□ ② 國內(　　市、省)

   (2) 您的性別?

      □ ① 男　　　□ ② 女

   (3) 您的年齡?

      □ ① 未滿20歲　　□ ② 20~29歲　　□ ③ 30~39歲

      □ ④ 40~49歲　　□ ⑤ 50歲以上

(4) 您的受教育程度?

　　□ ① 小學以下　　□ ② 中學　　□ ③ 專科學校

　　□ ④ 大學　　□ ⑤ 研究生以上

(5) 您的專業?

　　□ ① 電影專業　　　□ ② 非電影專業

(6) 您是否結婚?

　　□ ① 未婚　　□ ② 已婚　　□ ③ 其它

(7) 您的職業(請用 '√' 在適當空格中填寫)?

　　□ ① 公司職員　　□ ② 公務員　　□ ③ 學生

　　□ ④ 自營業　　□ ⑤ 專門職業　□ ⑥ 影像相關產業

　　□ ⑦農、林、水產、礦業　　□ ⑧ 製造業

　　□ ⑨ 電煤氣及水道建設業　　□ ⑩ 販賣業

　　□ ⑪ 住宿及飲食專業　　□ ⑫ 運輸業

　　□ ⑬ 金融及保險不動產業　　□ ⑭ 娛樂、文化及運動相關產業

　　□ ⑮ 其它(詳細：　　　　　　　　　　　　　　　)

(8) 您的月平均收入?

　　□ ① 未滿 100萬元 / 韓幣　　□ ② 100~299萬

　　□ ③ 300~499萬　　□ ④ 500~999萬　□ ⑤ 1,000萬以上

(9) 請寫出在這次釜山國際電影節中最有意思或印象最深刻的三件事：

①

②

③

(10) 請提出在這次釜山國際電影節中最不便或不滿意的三件事：

①

②

③

(11) 請提出釜山國際電影節促進其進一步發展的方案：

真心感謝您的熱情受訪，　祝您旅行快樂！

· 저자 ·

김한주   ·약 력·
金漢柱   한양대학교 사회과학대학 관광학과 졸업
경희대학교 경영대학원 경영학 석사
경희대학교 대학원 관광학 박사
한국관광학회 회원
한국관광레저학회 회원
한국호텔경영학회 이사
한국대학레크리에이션협회 자문위원
부산경상대학 관광경영과 교수
영남이공대학 관광계열 교수

·주요논저·
「국제회의 개최지로서의 부산지역 환경에 관한 연구」
「관광교통업의 경제적 파급효과 분석: 산업연관모델을 중심으로」
「현장적합형 관광서비스 실무능력향상을 위한 교육과정 및 프로
그램 개발에 관한 연구」
『여행업실무』
『여행사경영과 실무』
외 다수

– 지역산업연관모형에 의한 부산국제영화제 분석 –

Mega-Event의
경제적 파급 효과

· 초판 인쇄	2008년 3월 31일
· 초판 발행	2008년 3월 31일
· 지 은 이	김한주
· 펴 낸 이	채종준
· 펴 낸 곳	한국학술정보㈜
	경기도 파주시 교하읍 문발리 513-5
	파주출판문화정보산업단지
	전화 031) 908-3181(대표)·팩스 031) 908-3189
	홈페이지 http://www.kstudy.com
	e-mail(출판사업부) publish@kstudy.com
· 등 록	제일산-115호(2000.6.19)
· 가 격	24,000원

ISBN   97〔   (Paper Book)
978-89-534-8457-3 98980 (e-Book)